2025

农业资源环境保护与农村能源发展报告

农业农村部农业生态与资源保护总站　编

中国农业出版社

北　京

编委会

　　党的二十届三中全会聚焦建设美丽中国、促进人与自然和谐共生，将深化生态文明体制改革作为进一步全面深化改革的重要组成部分，提出一系列重大改革举措，为新时代新征程深化生态文明体制改革、全面推进美丽中国建设指明了前进方向。党中央、国务院出台《关于学习运用"千村示范、万村整治"工程经验有力有效推进乡村全面振兴的意见》《关于加快经济社会发展全面绿色转型的意见》，对加强农村生态文明建设、推动农业农村绿色发展等重点工作进行了部署。为贯彻落实党中央决策部署，农业农村部召开了全国农业生态环境保护工作推进会，印发《关于落实中共中央 国务院关于学习运用"千村示范、万村整治"工程经验有力有效推进乡村全面振兴工作部署的实施意见》《关于加快农业发展全面绿色转型促进乡村生态振兴的指导意见》《乡村产业、人才、文化、生态、组织五个振兴和乡村建设工作指引（试行）的通知》等重要政策文件，以生态环境高水平保护推动农业农村高质量发展。

　　2024年，全国农业资源环境保护与农村能源生态建设体系贯彻新发展理念和高质量发展要求，奋力拼搏、锐意进取，农业生态环境保护工作取得了显著成绩。为宣传农业资源环境保护与农村能源生态建设一年来取得的成效，总结交流各地典型做法和经验，农业农村部农业生态与资源保护总站组织编写了《2025农业资源环境保护与农村能源发展报告》（以下简称《报告》）。《报告》围绕2024年农业生态环境保护重大政策、重点工作、重要项目，以客观、权威数据为支撑，全面反映2024年行业体系取得的主要工作进展和成效，报告主体包括行业综述、体系建设、农业野生植物保护、外来入侵物种防控、农业面源污染防治、农膜科学使用回收、农产品产地环境管理、农村可再生能源建设、秸秆综合利用、农业绿色发展、国际交流、行业动态和地方实践。

　　在《报告》编写过程中，农业农村部科学技术司、发展规划司等机关司局给予了大力支持和精心指导，全国各相关部门和相关兄弟单位提供了大量工作素材与宝贵意见建议，在此一并表示诚挚感谢！由于编者水平有限，书中难免有错误之处，敬请读者批评指正。

编委会

2025年4月

目录 CONTENTS 🔍

行业综述

2024年是新中国成立75周年，是实现"十四五"规划目标任务的关键一年。一年来，在部党组的坚强领导下，在部领导的精心指导和科学技术司的大力支持下，农业农村部农业生态与资源保护总站（以下简称"生态总站"）带领农业资源环境保护与农村能源生态建设体系（以下简称"农业环能体系"），深入学习贯彻习近平总书记关于"三农"工作的重要论述和重要指示精神，积极履职尽责，强化农业环能体系建设，促进农业稳产高产与农业绿色发展，农业生态环境保护工作取得了扎实成效，为推进农业发展全面绿色转型、促进乡村生态振兴提供重要支撑。

一、体系机构建设

2024年，农业环能体系共有省级机构41个。北京、重庆、河北、四川、河南、湖南、安徽、山东、江西9省份在农业农村厅专门设立了农业生态环境保护工作行政处室。

二、农业野生植物保护

在辽宁、吉林、湖南、广西等16个省份，围绕野大豆、野生稻等重点保护农业野生植物设置定点监测点50多处，全年调查收集2 000余份重要野生植物资源；在吉林、河南、新疆等6省份新建7处原生境保护点建设项目，保护面积1.4万亩*，加强野大豆、野生茶等重要农业野生植物资源保护力度。

三、外来入侵物种普查

按照普查总体方案要求，全面完成普查数据汇总分析、普查报告起草等任务。在外来入侵物种普查基础上，农业农村部印发《外来入侵物种常态化监测工作方案》，在粮食主产区、边境区域、农牧交错带等关键区域，聚焦农业重大危害外来入侵物种，布设3 000个国控监测点位，组织开展常态化监测预警，动态掌握外来入侵物种发生态势。

四、农业面源污染防治

启动新一批长江、黄河流域农业面源污染综合治理项目县建设，推行源头减量、过程拦截、末端治理、循环利用等综合治理措施。持续在241个农田氮磷流失监测点、2万个典型地块调查点，例行开展农田氮磷流失状况监测，动态掌握污染变化。

五、地膜科学使用回收

以地膜使用大县为重点，在适宜地区和作物上有序推广使用加厚高强度地膜和全生物降解地膜，稳步推进地膜科学使用回收。继续在全国500个农田地膜残留监测点、5 000个典型调查点开展例行监测调查。全年地膜使用量137.5万吨，地膜覆盖面积2.66亿亩。探索启动农膜使用回收数据调查和系数核算试点，科学反映农膜处置效果。

六、农产品产地环境管理

全国受污染耕地安全利用率超过91%。共布设国控监测点5 783个，实现所有涉农县全覆盖，在受污染耕地上布设的监测点位占比进一步提升。在全国统筹布局建设20个耕地重金属污染防治联合攻关基地。持续开展132种镉低积累作物品种和115种治理修复产品的验证示范。筛选出63个镉低积

---

* 亩为非法定计量单位，1亩≈667平方米。——编者注

累作物品种和5种治理修复产品。截至2024年12月底，指导各地选育特定绿色优质水稻新品种，已有16个品种通过审定。

七、农村可再生能源建设

全国现有户用沼气1 131.64万户，各类沼气工程75 111处；太阳房34万多处，太阳能热水器4 301万台，太阳灶80万余台。推广秸秆打捆直燃集中供暖面积1 866万平方米，使用生物质成型燃料1 239万吨。

八、秸秆综合利用

全国农作物秸秆产生量8.67亿吨，可收集量7.33亿吨，利用量6.47亿吨，综合利用率超过88.3%。其中，秸秆肥料化、饲料化、燃料化、基料化、原料化利用率分别为55.4%、23.6%、7.9%、0.65%和0.75%。秸秆直接还田量3.71亿吨，离田利用量2.76亿吨，离田利用效能不断提升。

九、农业绿色发展

2024年，全国农业绿色发展成效显著，化肥科学施用水平不断提高，农药施用量继续保持下降趋势，农业废弃物资源化利用水平稳中有进，种养结合农牧循环格局加快建立，累计培育生态农场776家。12月，农业农村部印发《关于加快农业发展全面绿色转型促进乡村生态振兴的指导意见》，明确了新阶段加快农业发展全面绿色转型的工作要求和目标任务。

十、国际合作交流

2024年，积极开展国际合作交流工作，落实《中英农业绿色发展合作谅解备忘录》要求，促进中英农业绿色发展。加强与德国、英国、西班牙交流沟通，拓宽农业对外合作渠道。积极支撑国际公约履约谈判，参加《生物多样性公约》第16次缔约方大会以及《联合国气候变化框架公约》第29次缔约方大会（COP29），维护我国农业发展利益。

体系建设

机构设置

2024年，农业环能体系共有省级机构41个。北京、重庆、河北、四川、河南、湖南、安徽、山东、江西9省份在农业农村厅专门设立了农业生态环境保护工作行政处室，云南、内蒙古分别在省级农业农村部门中设置乡村建设促进处、耕地保护处履行相关职能。

2024年，辽宁省农业发展服务中心内设机构农村能源环保事业部更名为辽宁省农业发展服务中心农业生态与资源保护部。新疆维吾尔自治区农业生态与资源保护站与新疆维吾尔自治区农村能源工作站合并，新机构名称为新疆维吾尔自治区农业生态与资源保护站，为自治区农业农村厅直属公益一类全额事业单位，规格为（县）处级。

全国省级农业环能体系机构名单

序号	名 称	级 别	性 质
1	北京市耕地建设保护中心	正处级	公益一类
2	北京市农村发展中心	正处级	公益一类
3	天津市农业生态环境监测与农产品质量检测中心	正处级	公益一类
4	河北省农业环境保护监测总站	正处级	公益一类
5	河北省农业科技发展中心	正处级	公益一类
6	山西省农业生态保护与资源区划中心	正处级	公益一类
7	内蒙古自治区农牧业生态与资源保护中心	正处级	公益一类
8	辽宁省农业发展服务中心农业生态与资源保护部	正处级	公益一类
9	吉林省农业环境保护与农村能源管理总站	正处级	公益一类
10	黑龙江省农业环境与耕地保护站	正处级	公益一类
11	黑龙江省农村能源总站	正处级	公益一类
12	上海市农业技术推广服务中心	正处级	公益一类
13	上海市农业科技服务中心	正处级	公益一类
14	江苏省耕地质量与农业环境保护站	正处级	公益一类
15	浙江省耕地质量与肥料管理总站	正处级	公益一类
16	安徽省农业生态环境总站	正处级	参公单位
17	安徽省农村能源总站	正处级	参公单位
18	福建省农业生态环境与能源技术推广总站	正处级	公益一类
19	江西省农业生态与资源保护站	正处级	公益一类
20	山东省农业生态与资源保护总站	正处级	公益一类

（续）

序号	名　称	级　别	性　质
21	河南省农业生态与资源保护总站	正处级	参公单位
22	湖北省农业生态环境保护站	正处级	参公单位
23	湖北省农村能源建设领导小组办公室	正处级	参公单位
24	广东省农业环境与耕地质量保护中心	正处级	公益一类
25	广西壮族自治区农业生态与资源保护站	正处级	公益一类
26	广西壮族自治区农村能源技术推广站	正处级	参公单位
27	海南省农业生态与资源保护总站	正处级	公益一类
28	重庆市农业生态与资源保护站	正处级	公益一类
29	四川省农业生态资源保护中心	正处级	公益一类
30	四川省农村能源发展中心	正处级	参公单位
31	贵州省农业生态与资源保护站	正处级	公益一类
32	云南省农业环境保护监测站	正处级	公益一类
33	云南省农村能源管理总站	正处级	公益一类
34	陕西省耕地质量与农业环境保护工作站	正处级	公益一类
35	甘肃省农业生态与资源保护技术推广总站	正处级	参公单位
36	甘肃省农村能源资源服务总站	正处级	参公单位
37	青海省农业农村能源与资源保护技术指导服务中心	正处级	公益一类
38	宁夏回族自治区农业环境保护监测站	正处级	公益一类
39	宁夏回族自治区农村能源工作站	正处级	公益一类
40	新疆维吾尔自治区农业生态与资源保护站	正处级	公益一类
41	新疆生产建设兵团农业技术推广总站	正处级	公益一类

省级农业农村部门农业环能体系工作专职内设处室名单

序号	名　称	内设处室
1	北京市农业农村局	生态建设处
2	河北省农业农村厅	资源环境处
3	安徽省农业农村厅	农业资源环境处
4	江西省农业农村厅	农业资源环境处
5	山东省农业农村厅	绿色发展处
6	河南省农业农村厅	资源利用处

（续）

序号	名　　称	内设处室
7	湖南省农业农村厅	农业资源保护与利用处
8	重庆市农业农村委员会	农业生态与农村能源处
9	四川省农业农村厅	资源环境处

制度建设

2024年，生态总站建立县级工作联系点制度。面向全国县级体系单位公开征集遴选出32家县级工作联系点，并开展首次座谈研讨，严东权站长出席并总结讲话。

生态总站县级工作联系点名单

序号	名　单	序号	名　单
1	河北省定州市农业环境保护监测站	17	湖北省咸宁市咸安区农业环境保护站
2	河北省邯郸市永年区农技推广中心环保站	18	广西壮族自治区宾阳县农业农村综合服务中心
3	山西省稷山县农业生态与资源保护站	19	广西壮族自治区横州市农村能源工作站
4	辽宁省朝阳县农村能源建设办公室	20	重庆市大足区农业生态和农村能源站
5	辽宁省庄河市现代农业生产发展服务中心环保部	21	四川省都江堰市农业科技中心
6	吉林省德惠市农业环境保护与农村能源管理站	22	四川省大竹县农村能源办公室
7	黑龙江省肇源县农业技术推广中心环保站	23	贵州省盘州市农业能源环保站
8	黑龙江省绥化市北林区农村能源站	24	贵州省台江县农业生态与农村人居环境服务站
9	江苏省太仓市农业技术推广中心	25	云南省腾冲市农业环境保护监测与农村能源站
10	浙江省平湖市农业生态能源站	26	云南省峨山彝族自治县农村综合服务中心
11	浙江省衢州市柯城区美丽乡村建设中心	27	陕西省富县农村能源建设办公室
12	安徽省桐城市农业环境保护监督站	28	甘肃省敦煌市农业技术推广中心农业生态环境保护工作站
13	江西省新余市渝水区农业科学研究中心	29	甘肃省凉州区农村能源技术推广中心
14	山东省阳信县农业农村局农村能源环境保护站	30	青海省互助县农业农村能源资源保护服务中心
15	河南省南阳市新野县农业生态与资源保护站	31	宁夏回族自治区彭阳县能源工作站
16	湖北省鄂州市农业生态环境保护站	32	新疆生产建设兵团第一师农业技术推广总站

2024年，生态总站组织开展2024年农业主导品种、主推技术和重大引领性技术需求遴选推荐工作，其中"马铃薯全生物降解地膜覆盖绿色增效技术"等4项主推技术、"镉低积累水稻精准设计快速育种技术"等2项重大引领性技术入选《2024年农业主推技术》。组织制修订《秸秆打捆直燃供暖工程技术规范》（NY/T 4598—2025）等行业标准9项。全年发布《农业生态与资源保护工作动态》6期，举办各类技术培训班20余次。

条件平台

农业环能体系累计在全国布设了4万多个农产品产地土壤环境国控监测点位、241个农田氮磷流失监测点位、500个农田地膜残留监测点位、44个秸秆还田生态效应监测点位；培育了776家生态农场，建设了20个耕地重金属污染防治联合攻关试验基地。

重要活动

一、全国农业生态环境保护工作推进会在湖北十堰召开

2024年7月，农业农村部在湖北十堰召开全国农业生态环境保护工作推进会，深入学习贯彻党的二十届三中全会精神，认真贯彻习近平生态文明思想和习近平总书记关于"三农"工作的重要论述，系统总结工作成效，深入交流做法经验，研究部署重点任务。农业农村部党组成员、副部长张兴旺出席会议并讲话。湖北省副省长程用文出席会议并致辞。

会议指出，党的十八大以来，各级农业农村部门认真贯彻落实党中央、国务院决策部署，不断加强农业生态环境保护，推广清洁生产方式，强化产地环境管理，强化农业资源保护，有力推动农业绿色发展。耕地保护利用有序推进，科学施肥用药方式稳步推行，畜禽粪污综合利用率达78%，秸秆综合利用率超过88%，农膜回收处置率稳定在80%以上，外来物种入侵联防联控局面加快形成。

会议强调，要统筹高质量发展和高水平保护，准确把握形势要求和方向路径，深入推进农业面源污染综合防治、长江十年禁渔、农业生物安全等重点任务。要创新工作机制，加强部门协同，发挥市场作用，强化科技支撑，完善监测评价，做好科普宣传，以改革新举措和工作新成效为乡村全面振兴和农业强国建设作出新的更大贡献。

农业农村部、国家发展改革委、财政部、自然资源部、生态环境部、水利部、国家林草局等，31个省份和新疆生产建设兵团农业农村部门，相关科研单位代表参加会议。浙江、安徽、四川、宁夏、内蒙古、黑龙江、湖北7省份农业农村部门做了交流发言。

全国农业生态环境保护工作推进会

二、深入学习贯彻习近平生态文明思想研讨会在北京举行

2024年11月，深入学习贯彻习近平生态文明思想研讨会在北京举行。研讨会以"深化生态文明体制改革 全面推进美丽中国建设"为主题，通过开展研讨交流，深入学习贯彻习近平生态文明思想，全面落实党的二十届三中全会精神，为深化生态文明体制改革、全面推进美丽中国建设贡献智慧和力量。

生态环境部党组书记孙金龙、国务院发展研究中心副主任隆国强、中国人民银行研究局局长王信等出席会议并讲话，农业农村部科学技术司副司长孙法军参加会议，生态总站站长严东权在平行分论坛三以"深入推进农业生态环境高水平保护 为乡村全面振兴和农业强国建设提供支撑"为题目做主题发言。

生态总站站长严东权在习近平生态文明思想研讨会分论坛三上做主题发言

三、农业环能体系省级管理干部能力建设培训班在湖北十堰召开

2024年7月，农业资源环境保护和农村能源生态建设体系省级管理干部能力建设培训班在湖北十堰召开，生态总站站长严东权出席开班式并做总结讲话。本次培训班以推进农业生态环境保护为主题，采取专家授课、专题讲解、座谈研讨等方式进行。邀请农业农村部规划设计研究院、生态环境部环境规划院、中国农业科学院农业资源与农业区划研究所专家授课。生态总站相关业务处室负责同志分别就秸秆综合利用、农业外来入侵物种防控、农业面源污染综合治理、受污染耕地安全利用等重点工作进行了交流部署。参训代表围绕主责主业介绍各自的经验做法、亮点成效。来自各省份和新疆生产建设兵团农业生态与资源保护（农业环保）站、农村能源站（办、中心）等单位有关负责人参加培训。

农业环能体系省级管理干部能力建设培训班

四、农业资源环境标准化技术委员会年度工作会议召开

2024年7月，农业资源环境标准化技术委员会年度工作会议以线下与线上相结合的形式召开。秘书处向全体委员作了年度工作报告，全面汇报了2024年标委会在制度建设、技术审查、标准报批、人员培训等方面的工作进展和成效。会议还审议通过了《农业资源环境标准化技术委员会标准预审

管理办法》。标委会主任委员严东权充分肯定了在标准体系建设、逾期标准推进、标准质量提升、人才队伍建设等方面取得的成绩，要求标委会及秘书处坚守职责、凝心聚力，确保标准化工作的基础支撑作用得到充分发挥。

五、农业生态环境保护"1+9"课题研究顺利完成

为贯彻落实农业农村部党组和韩俊部长谋实谋细"十五五"农业生态环境保护、农业绿色低碳发展工作的指示要求，2024年8—12月，生态总站结合工作实际，组织开展了"1+9"课题研究。"1"是一个综合研究，即新阶段农业生态环境高水平保护战略研究；"9"是九个专题研究，即围绕生态总站牵头承担的农作物秸秆综合利用、地膜科学使用回收、农业面源污染防治、耕地重金属污染治理、外来入侵物种防控、农业农村减排固碳、沼气生物天然气转型发展、农业生态环境保护监测、农业生态产品价值实现这9个方面工作逐项开展深入研究。"1+9"课题研究，坚持国际视野，立足行业前沿，总结工作进展，梳理政策制度，研判发展形势，提出新阶段推进工作的战略考虑、政策需求、实践任务，力争为"十五五"规划编制和农业农村部党组决策提供参考。

农业生态环境保护"1+9"课题
研究报告

农业农村部农业生态与资源保护总站
二〇二四年十二月

目 录

农业生态环境保护"1+9"课题

六、农业生态环境保护工作手册和典型模式编印成册

为方便各级农业农村部门农业生态环境保护行业体系相关管理与技术人员更好开展工作，农业农村部科学技术司和农业生态与资源保护总站共同编写了《农业生态环境保护工作手册》《农业生态环境保护典型模式》，供各地参考借鉴。

《农业生态环境保护工作手册》总结凝练了农业生态环境保护领域中的农业面源污染治理、化肥农药科学使用、秸秆综合利用等12个方面的常用知识和工作要求，主要包括工作背景、决策部署、法规要求、职能任务、重要术语、基础数据以及工作安排、政策项目、技术发展方向和社会关注热点等内容。

　　《农业生态环境保护典型模式》总结凝练了农业生态环境保护领域中的农膜科学使用回收、受污染耕地安全利用、农业外来入侵物种防控等11个方面的典型省份技术模式。

农业生态环境保护工作手册

农业农村部科学技术司
农业农村部农业生态与资源保护总站
二〇二四年七月

《农业生态环境保护工作手册》

农业生态环境保护典型模式

农业农村部科学技术司
农业农村部农业生态与资源保护总站
二〇二四年七月

《农业生态环境保护典型模式》

农业野生植物保护 🔍

基本情况

根据调整后的《国家重点保护野生植物名录》职责分工，农业农村部门管理131种、15类农业野生植物（《名录》中加"*"标注物种），共400余种。在吉林、河南、新疆等6省份新建7处原生境保护点建设项目。

制度建设

2024年1月，生态环境部印发《中国生物多样性保护战略与行动计划（2023—2030年）》，明确了我国新时期生物多样性保护战略、工作方向和重点任务，为各部门各地区推进生物多样性保护提供指引。

2024年1月，国家林草局印发《全国野生动植物保护工程建设方案》，规划部署科学推进珍稀濒危野生动植物保护与治理，为各地规范有序开展濒危野生动植物保护治理设施条件建设提供重要指导。

海南印发《海南省野生植物保护管理办法（试行）》，旨在保护、发展和合理利用野生植物资源，维护生态平衡。新疆发布《新疆维吾尔自治区重点保护野生植物名录》，共有138种野生植物，其中49种被列为自治区Ⅰ级保护野生植物，89种被列为自治区Ⅱ级保护野生植物。

农业野生植物资源调查监测

生态总站联合河南农业大学，在野生植物富集区秦岭南坡开展区域性野生植物调查，验证野生植物调查技术方法，开发野生植物调查系统等，为开展野生植物系统调查积累经验。

现场调研

农业野生植物原生境保护区（点）监测

生态总站配合农业农村部科学技术司，在吉林、河南、新疆等6省份新建7处原生境保护点建设项目，加强野大豆、野生茶等重要农业野生植物资源保护力度。跟踪7个在建原生境保护区项目建设进度，加强与有关项目省份对接联络，赴甘肃、吉林等地开展实地调研指导，督促地方按照进度要求做好项目建设工作。2024年10月，在江西弋阳邀请专家就原生境保护区项目申报建设等环节进行专题授课，解答各地项目申报执行中的实际问题。

外来入侵物种防控

基本情况

2024年，在全国外来入侵物种普查基础上，布设3 000个国控监测点位，建立农业外来入侵物种常态化监测网络。全年在南方15个省份监测发现集中连片凤眼蓝发生面积3.49万亩，网络平台外来物种入侵相关舆情传播量380万余篇。

制度建设

2024年11月，农业农村部印发《农业外来入侵物种常态化监测工作方案》，要求在粮食主产区、边境区域、农牧交错带等关键区域，聚焦农业重大危害外来入侵物种，布设国控监测点位，组织开展常态化监测预警，动态掌握外来入侵物种种类数量、分布范围、发生面积、危害程度等，健全农业外来入侵物种数据库、标本库，定期评估重大危害外来入侵物种对农牧渔业生产、农业生物多样性和生态环境影响，为推进"一种一策"精准治理提供基础支撑。

遥感监测

2024年，针对重点管理外来入侵水生植物凤眼蓝集中分布的15个省份开展卫星遥感和无人机监测，动态掌握其发生和空间分布情况，为指导海南、广西等地开展精准防控提供数据支撑。监测显示，2024年集中连片发生总面积为3.49万亩，其中，广东发生面积居首，其次为云南、江西、海南和广西。

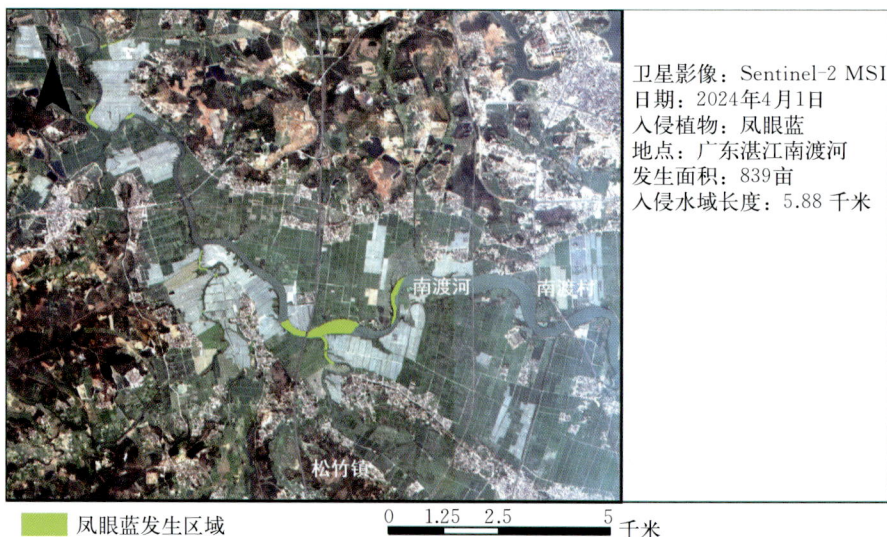

卫星影像：Sentinel-2 MSI
日期：2024年4月1日
入侵植物：凤眼蓝
地点：广东湛江南渡河
发生面积：839亩
入侵水域长度：5.88 千米

广东省湛江市雷州市南渡河

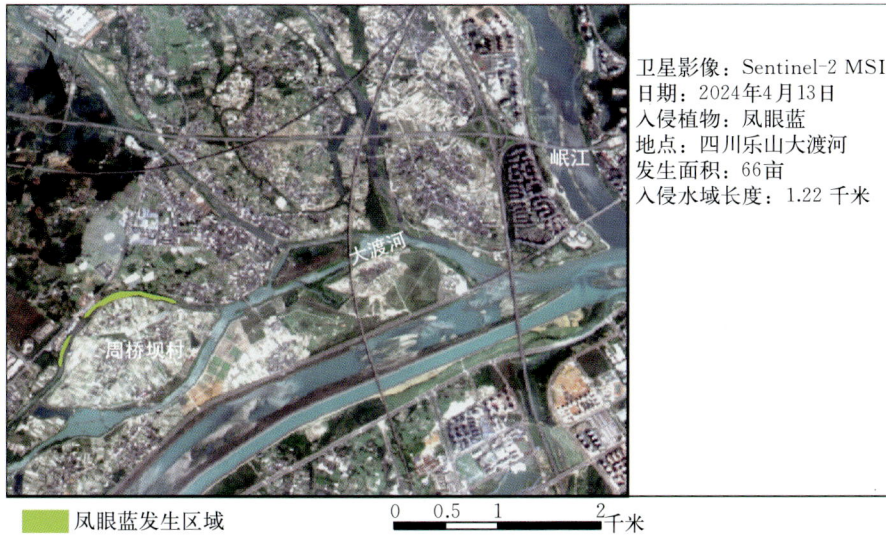

卫星影像：Sentinel-2 MSI
日期：2024年4月13日
入侵植物：凤眼蓝
地点：四川乐山大渡河
发生面积：66亩
入侵水域长度：1.22 千米

凤眼蓝发生区域

0 0.5 1   2千米

四川省乐山市大渡河

舆情监测

2024年，全年发布《外来入侵物种网络舆情监测周报》51期，监测网媒、微信、微博、论坛等平台外来物种入侵的相关舆情传播总量约380万余篇。监测发现，网络报道基本以中性为主，约占比70%，正面约占19%，负面约占11%。公众高度关注福寿螺、加拿大一枝黄花、鳄雀鳝、红火蚁、草地贪夜蛾、非洲大蜗牛、凤眼蓝、豚草等物种。

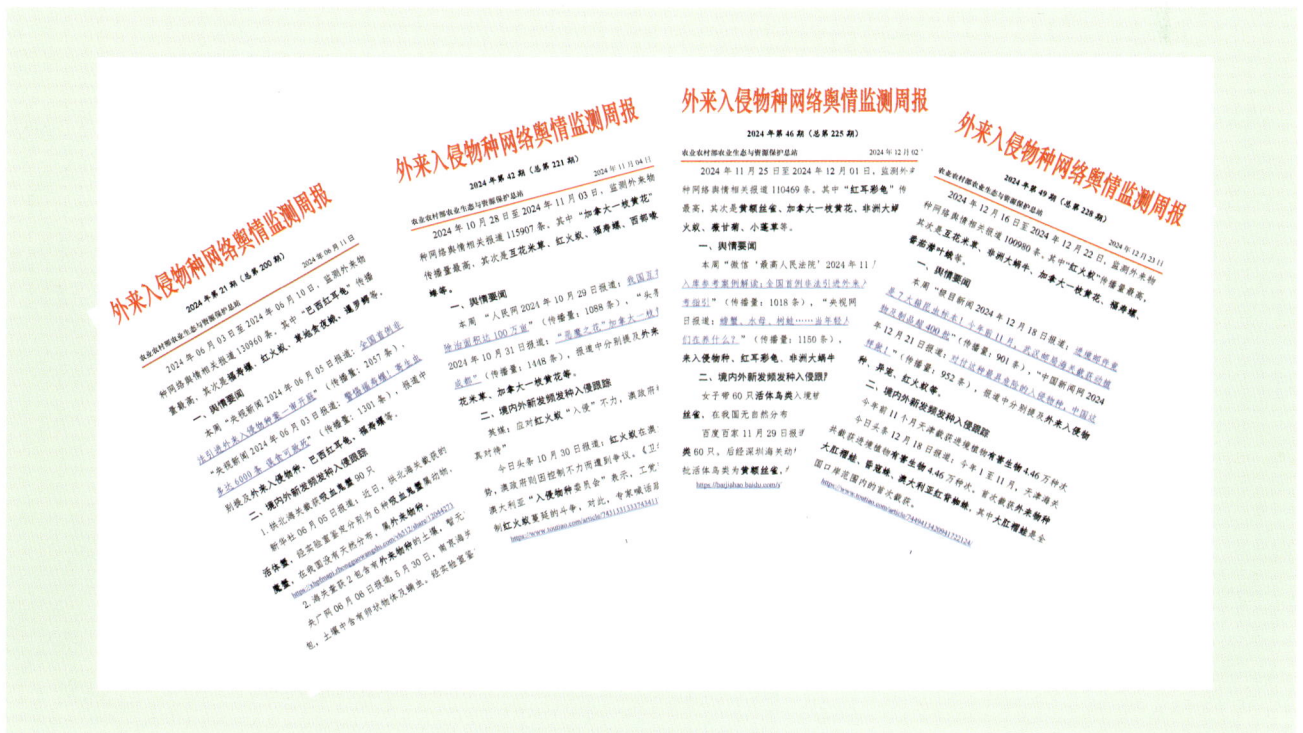

外来入侵物种网络舆情监测周报

灭除防控

2024年，生态总站先后在海南海口、河南信阳、吉林扶余、江西弋阳，聚焦薇甘菊、福寿螺、假苍耳、加拿大一枝黄花等重大危害外来入侵物种，举办4次外来入侵物种防控现场会，同时作为参与单位配合有关单位举办现场活动4次。组织开展福寿螺、加拿大一枝黄花等重大危害外来入侵物种防控现场调研和技术指导10余次，提升基层防控技术水平，推进"一种一策"精准治理。

农业外来入侵物种防控工作推进会

重大危害外来入侵物种（加拿大一枝黄花）调研

科普宣传

结合全民国家安全教育日、国际生物多样性日、世界环境日等节点，在央视新闻、农民日报等媒体平台发布专题报道5篇，发布系列防控科普小视频10部，在北京、四川等地组织开展外来入侵物种科普进校园活动，提高广大群众防控意识，持续营造联防联控、群防群治良好氛围。

农业面源污染防治

基本情况

2024年，全国监测的3 641个地表水国控断面中，Ⅰ～Ⅲ类水质断面占90.4%，劣Ⅴ类水质断面占0.6%，主要污染指标为化学需氧量、高锰酸盐指数和总磷。畜禽粪污综合利用率达到79.4%，农用化肥施用量（折纯量）和农药使用量分别为5 021.7万吨、115.5万吨（《中国农村统计年鉴（2024）》），水稻、玉米、小麦三大粮食作物化肥利用率为42.6%。

制度建设

2024年1月，中共中央、国务院印发《关于学习运用"千村示范、万村整治"工程经验有力有效推进乡村全面振兴的意见》，指出扎实推进化肥农药减量增效，推广种养循环模式，整县推进农业面源污染综合防治。

2024年3月，中共中央、国务院印发《关于加强生态环境分区管控的意见》，强化生态环境分区管控实施，形成问题识别、精准溯源、分区施策的工作闭环，推动解决突出生态环境问题，防范结构性、布局性环境风险，为高质量发展腾出容量、拓展空间。

2024年12月，生态环境部、农业农村部印发《农业面源污染突出区域调查技术指南》，指导和规范农业面源污染突出区域开展农业面源污染调查，支撑精准治污，聚焦强化系统治理。

例行监测

2024年，农业农村部继续组织开展农业面源污染例行监测，强化监测统筹协调，加强监测数据质控，完善监测体系建设。生态总站举办农业面源污染监测技术培训班，讲解农田氮磷流失监测技术规范和注意问题，交流监测技术服务单位工作完成情况，推动监测工作高质量实施。

例行监测

重点流域农业面源污染综合治理

农业农村部科学技术司组织专家召开新建项目核验会，对2024—2025年度长江、黄河流域县级项目申报材料进行评审，强化项目前置把关，压实地方主体责任，有力推动重点流域农业生态环境改善。建立常态化调度机制，对"十四五"期间实施项目县的项目建设进展、资金执行等情况进行月调度，推动各地加快项目建设进度。开展《"十四五"重点流域农业面源污染综合治理建设规划》中期评估和项目年度绩效评价，分别形成报告。委托第三方开展"十四五"重点流域农业面源污染治理项目评估，赴湖北、陕西、甘肃等省份开展实地调研，评估项目总体实施效果，总结项目实施经验，挖掘地方典型案例，强化典型宣传推介。生态总站组织重点流域农业面源污染综合治理专家指导组专家赴湖北、宁夏、江西、贵州、陕西等10余省开展实地指导。

赴湖北开展技术交流

赴宁夏开展技术指导

开展"十五五"重点流域农业面源污染综合治理相关建设规划前期研究和谋划工作，形成规划编制实施方案，有序推进规划编制工作。

培训交流与科普宣传

一、培训交流

2024年12月，农业农村部在北京召开长江经济带农业面源污染综合治理座谈会，总结交流工作进展，分析研判形势任务，研究部署下一步工作。长江经济带11省（市）农业农村部门、沿江部分县（区）农业农村部门负责同志及专家代表做了交流。农业农村部党组成员、副部长张兴旺出席会议并讲话。会议指出，近年来各级农业农村部门深入学习贯彻习近平生态文明思想和4次长江经济带高质量发展座谈会精神，扎实推进长江经济带农业面源污染综合治理，各项工作取得积极进展。但治理成效还不够稳固，需要久久为功、持续加力。要结合"十五五"规划编制，聚焦重点任务，强化技术支撑，协同推进农业高质量发展和生态环境高水平保护。国家发展改革委、生态环境部相关司局负责同志应邀出席会议，农业农村部有关司局和单位参加会议。

2024年10月，生态总站组织召开重点流域农业面源污染综合治理专家指导组座谈会，专家指导组组长严东权主持会议，农业农村部科学技术司有关负责同志、专家指导组成员及部分行业专家参加会议。会议系统总结专家指导组工作进展，交流研讨农业面源污染形势，交流研讨"十五五"农业面源污染治理工作方向，研究谋划专家指导组下步重点工作。

赴湖北开展农业面源污染治理调研指导

2024年12月，生态总站在四川成都举办农业面源污染监测技术培训班，为推进农业面源污染综合治理，进一步提升农田氮磷流失和地膜残留监测水平。培训班指出，要规范开展监测调查，按照监测实施方案和技术规程要求，做好监测样品采集、制备、流转、检测等工作，确保监测调查工作规范科学开展。要抓好数据质控，严格按照"国家—地方—技术服务单位"三级联动要求，加强监测数据全程痕迹化管理。要做好总结分析，运用现代信息技术手段加强监测数据研究，分析监测结果变化趋势，提出科学精准治理建议。各省份承担监测技术服务工作的有关负责同志交流了年度任务进展情况。

农业面源污染监测技术培训班

二、科普宣传

生态总站组织出版《画说农业面源污染防治》科普漫画，介绍农业面源污染的内涵、治理技术模式、政策措施，普及农业面源污染防治科学知识，带动广大农业科研人员、农业技术推广人员、农民朋友及中小学生等一起关注和参与农业面源污染防治工作，营造人人重视、人人参与的良好社会氛围。

《画说农业面源污染防治》科普漫画

农膜科学使用回收

基本情况

全国农膜使用量241.6万吨，其中地膜使用量137.5万吨，地膜覆盖面积达2.66亿亩，主要集中在西北、华北、西南三大片区，其中内蒙古、甘肃和新疆等省区地膜使用量均在10万吨以上（《中国农村统计年鉴（2024）》）。

制度建设

2024年中央1号文件要求，加强农村流通领域市场监管，持续整治农村假冒伪劣产品。农业农村部与市场监管总局将农膜联合监管执法列入2024年全国农资打假和监管工作要点，将农膜列入2024年产品质量国家监督抽查计划重点，并发布了一批制售伪劣地膜的犯罪典型案例，其中"辽宁朝阳胡某某等人制售伪劣农用地膜案"被公安部选入了6起危害粮食安全犯罪典型案例。

河南印发《河南省推进地膜科学使用回收实施方案》，推进地膜科学使用回收，加强农田"白色污染"治理，对地膜科学使用回收工作作出总体部署。

内蒙古发布《关于做好农用薄膜监管执法工作的通知》，进一步加强农用薄膜监督管理，规范市场经营秩序，有效防治农用薄膜污染，保护和改善农业生态环境，促进农业绿色高质量发展。

江苏制定发布《全生物降解农用地膜田间应用效果评价规范》，规定了全生物降解农用地膜田间应用效果评价试验的要求、观察记载内容、效果评价及资料档案等技术要求。

监测评价

2024年，农业农村部继续组织开展全国农田地膜残留监测工作，优化调整监测点位，规范监测技术规程，完善监测网络布局，科学获取农田地膜使用与残留状况，为全国农田地膜污染防治工作提供支撑。

开展农田地膜残留监测

地膜科学使用回收项目

农业农村部科学技术司印发《关于做好2024年度地膜科学使用回收工作的函》，充分考虑地方气候资源条件、种植结构布局、用膜种类需求等因素，在24个省份和新疆生产建设兵团继续组织实施地膜科学使用回收项目，因地制宜推广加厚高强度地膜和全生物降解地膜。2024年5月，生态总站在内蒙古赤峰举办地膜科学使用回收技术培训班，面向项目省份解读项目管理要求，交流典型经验与做法，及时回应地方关切，提升各地项目管理水平和落实能力。

举办地膜科学使用回收技术培训班

科普宣传

在人民日报、新华社、农民日报等主流媒体上，对地膜科学使用回收工作进展成效与经验做法进行宣传报道，利用公众号、短视频等新媒体手段，宣传介绍地膜科学使用理念、知识和技术，充分凝聚社会共识。生态总站组织编印《地膜科学使用回收技术指导手册》等科普读物，加强法规、政策、技术等科普宣传，引导生产经营主体和广大农民自觉遵守法律规定，营造良好工作氛围。

农产品产地环境管理

基本情况

2024年，全国耕地面积为19.29亿亩（《2024年中国自然资源公报》），耕地土壤环境风险得到基本管控，受污染耕地安全利用率进一步提高，耕地土壤环境状况总体稳定。湖南、江西等省累计推广特定绿色优质水稻面积180万亩。

制度建设

2024年9月，中共中央办公厅、国务院办公厅发布《关于加强耕地保护提升耕地质量完善占补平衡的意见》，要求加强耕地保护、提升耕地质量、完善占补平衡，落实藏粮于地、藏粮于技战略，坚持耕地数量、质量、生态"三位一体"保护。

2024年11月，生态环境部、农业农村部等7部门联合发布《土壤污染源头防控行动计划》，要求全面准确落实精准治污、科学治污、依法治污方针，防新增、去存量、控风险，从源头上减少土壤污染和受污染土壤的环境影响，全面管控土壤污染风险。

产地监测

2024年，生态总站配合农业农村部科学技术司印发《关于优化完善农业生态环境监测有关工作的函》，按照"总体稳定、按需调整"的原则，优化调整后，农产品产地土壤环境监测4万个点位总数保持不变，监测点实现所有涉农县全覆盖，在受污染耕地上布设的监测点位占比进一步提升。

2024年，生态总站配合农业农村部科学技术司印发《关于做好2024年农业生态环境（国控点）监测任务的函》，持续开展土壤和农产品协同监测。组织召开农产品产地土壤环境监测工作会，编制《农产品产地土壤环境监测技术规范（试行）》，强化监测全流程技术支撑。

培训交流与技术推广

一、培训交流

2024年4月，生态总站在南京召开耕地重金属污染防治联合攻关工作推进会，加强耕地土壤污染管控与修复，全面提升耕地土壤污染防治科技支撑能力。10月，生态总站在广西南宁举办受污染耕地分类管理技术培训班，总结交流耕地分类管理经验做法，提升受污染耕地安全利用技术水平。

耕地重金属污染防治联合攻关工作推进会

受污染耕地分类管理技术培训班

二、技术推广

生态总站指导湖南等地选育稳定的镉低积累水稻新品种，推广面积约180万亩。指导各省在镉低积累水稻推广应用过程中，开展镉低积累水稻营养品质分析和安全性评价，科学评估镉低积累水稻营养品质。

生态总站配合农业农村部科学技术司，组织专家赴湖北、四川、广西等6省份开展生产障碍耕地治理项目实施情况专题调研和指导，推动相关省份加快推进受污染耕地安全利用和严格管控工作。联合生态环境部土壤生态环境司赴湖南、江西开展调研，重点了解镉低积累水稻品种选育和推广情况。

特定绿色优质水稻品种调研

低镉水稻品种展示

三、联合攻关

生态总站加强联合攻关基地建设，在全国建设维护20个基地，覆盖西南、华南、华东、华中、华北、东北和西北等区域典型耕地土壤。持续开展132种镉低积累作物品种和115种治理修复产品的验证示范，分层次开展低镉作物品种验证筛选与营养品质监测，持续推进治理修复产品长效性评价，定点定期开展大气沉降监测。在南京召开耕地重金属污染防治联合攻关工作推进会，研究部署年度重点工作。

在前期工作基础上，形成了包含63个镉低积累作物品种和5种治理修复产品的推荐目录，创新开发了高积累水稻替代种植、耕层重金属强化萃取等六大耕地土壤重金属减量化新技术，集成构建了稻田镉砷同步阻控安全生产、镉污染稻田原位钝化联合微肥调控等八大安全利用与严格管控新模式，推动形成"一域一策"精准防治策略。

农村可再生能源建设

基本情况

一、农村沼气

2023年，全国户用沼气池共1 131.64万户；各类沼气工程67 742处，总池容2 438万立方米，供气户数58.8万户，发电装机容量32.38万千瓦。其中，大型和特大型沼气工程5 518处，总池容1 334万立方米。

2021—2023年全国农村沼气发展情况（年末累计）

年份	户用沼气（万户）	沼气工程（处）	中小型沼气工程（处）	大型沼气工程（含特大型）（处）
2021	2 309.54	93 140	86 049	7 091
2022	1 517.80	75 115	68 481	6 634
2023	1 131.64	67 742	62 224	5 518

二、秸秆能源化利用

2023年，全国秸秆热解气化工程133处；秸秆固化成型站1 919处，年产量1 239万吨；秸秆炭化点52处，年产量15万吨。燃料领域使用秸秆6 000多万吨，北方农村秸秆打捆直燃清洁供暖面积1 856万平方米。

2021—2023年全国秸秆利用工程情况（年末累计）

年份	秸秆热解气化集中供气（处）	秸秆固化成型（处）	秸秆炭化（处）
2021	175	2 731	79
2022	155	2 426	75
2023	133	1 919	52

三、太阳能利用

2023年，全国太阳房37万多处，太阳能热水器4 101万台，太阳灶73万台；全国8.3万座村级光伏帮扶电站年发电177.66亿千瓦时，发电收入总额132.41亿元，累计带动设立脱贫人口公益性岗位94.24万个。

2021—2023年全国太阳能开发利用情况

年份	太阳房		太阳灶	太阳能热水器	
	数量（处）	面积（万平方米）	数量（台）	数量（万台）	面积（万平方米）
2021	313 157	1 930.27	1 334 070	4 439.07	8 084.08
2022	341 909	1 397.08	801 825	4 301.96	7 791.83
2023	373 807	2 452.97	735 704	4 101.90	7 798.52

制度建设

2024年3月，农业农村部联合国家发展改革委、国家能源局印发《关于组织开展"千乡万村驭风行动"的通知》，提出"十四五"期间，在具备条件的县域农村地区，以村为单位，建成一批就地就近开发利用的风电项目，原则上每个行政村不超过20兆瓦，探索形成"村企合作"的风电投资建设新模式和"共建共享"的收益分配新机制，推动构建"村里有风电、集体增收益、村民得实惠"的风电开发利用新格局。

2024年10月，国家发展改革委、国家能源局等6部门联合印发《关于大力实施可再生能源替代行动的指导意见》，提出要全面支持农业农村用能清洁化现代化，在具备条件的农村地区积极发展分散式风电和分布式光伏发电。推进有条件地区生物天然气进入管网，因地制宜推进乡镇集中供热，优先利用地热能、太阳能等供暖，逐步减少直至禁止煤炭散烧。

2024年11月，第十四届全国人民代表大会常务委员会第十二次会议通过《中华人民共和国能源法》，提出鼓励和扶持农村的能源发展，重点支持革命老区、民族地区、边疆地区、欠发达地区农村的能源发展，提高农村的能源供应能力和服务水平。鼓励合理开发利用生物质能，因地制宜发展生物质发电、生物质能清洁供暖和生物液体燃料、生物天然气。

农村沼气安全生产管理

一、加强农村沼气安全生产技术指导

2024年，生态总站组织专家赴四川、湖北、安徽、甘肃等省份，实地调研指导农村沼气安全生产工作，了解地方推进工作的问题和困难，总结典型经验。指导地方加大对农村闲置、废弃沼气设施的安全处置力度。制定发布《农村户用沼气池春季管理注意事项》《夏季沼气生产管理注意事项》《农村沼气安全隐患排查要点》，指导各地抓好沼气安全生产管理。

现场调研指导

二、开展安全生产月系列活动

生态总站举办全国农村沼气"安全宣传咨询日"线上专题培训，邀请专家讲解农村沼气风险防控与安全管理、农村沼气设施安全隐患排查与安全处置，全国农村能源管理行业和农村沼气业主等6万多人次在线学习。

生态总站在江西新余举办全国农村沼气安全生产应急演练现场观摩活动，举办农村可再生能源利用技术培训班和农村沼气安全生产重大事故隐患判定标准宣贯活动，指导安徽、贵州、河北、宁夏、山东等省份，积极开展沼气安全生产应急演练、安全处置演示、技术培训等活动。充分利用中国农村能源生态公众号，通过短视频、宣传画等多种形式，广泛宣传农村沼气安全生产操作规范、自救互救常识，强化农户安全理念和应急自救技能。

农村沼气安全生产系列活动

农业农村减排固碳

一、创新开展生物天然气绿色核证研究

在农业农村部科学技术司指导下，生态总站联合中国农业科学院、农业农村部沼气科学研究所等相关单位，开展沼气生物天然气绿色燃气核证探索研究，制定发布国家标准《基于项目的温室气体减排量评估技术规范　农村沼气工程》（GB/T 45192—2025），依托中国沼气学会、中国农村能源行业协会，基于相关标准开展生物天然气监测核证交易试点。

2024年8月，在中国农村能源行业协会、中国沼气学会的指导下，我国首单生物天然气"互联互通、气证合一"线上交易在上海石油天然气交易中心完成。此次交易挂单是绿气新能源（北京）有限公司，摘单是百事食品（中国）有限公司。此次挂单的生物天然气，分别来自江苏、四川3处以畜禽粪污、农产品加工废弃物为原料的沼气生物天然气工程。试点项目"互联互通 气证合一"理念的提出和实现，打破了传统能源交易和绿色生态价值实现的壁垒，对推动沼气生物天然气与常规天然气互联互通、探索绿色价值实现途径具有重大引领作用。

"互联互通、气证合一"生物天然气交易发布会

二、低碳乡村培育

2024年3月，生态总站在黑龙江海伦召开低零碳乡村培育工作推进会，进一步明确培育的重点内容。面向全国行业体系征集低碳乡村培育方案，组织专家评审，遴选15省25个村共同开展低碳乡村培育工作。组织专家赴安徽、甘肃、云南、辽宁等地开展调研，指导各地加快应用多能互补、节能低碳、循环利用等绿色低碳农业技术。

2024年11月，生态总站在浙江杭州召开低碳乡村培育研讨会，交流各地打造低碳乡村实践场景、培育乡村绿色低碳典型样板的主要做法和实践经验，围绕生态循环模式构建、绿色产业培育、人居环境改善、低碳理念宣传，研讨下一步工作思路与举措。

低零碳乡村培育工作推进会

低碳乡村培育研讨会

现场调研

三、农业农村减排固碳宣传培训

生态总站组织开展农业农村减排固碳知识线上问答活动，举办农业农村减排固碳科普讲座，邀请4位专家分别围绕农业农村减排固碳政策、种植业节能减排、畜牧业减排降碳、农村可再生能源替代等进行授课。通过全国农业科教云平台、微观三农、农民日报、中国农村能源视频号等进行现场直播，15万人线上观看。面向行业体系广泛征集一批农村能源开发利用的典型案例和经验做法，通过农民日报进行宣传报道。

标准工作

一、开展农村能源标准报批和审定工作

2024年，生态总站依托全国沼气标准化技术委员会，大力推进沼气行业标准制修订工作。完成国家标准《基于项目的温室气体减排量评估技术规范　生物天然气工程》编制工作，组织申报19项国家沼气标准、9项农业行业标准、5项团体标准。审定4项农业行业标准，完成3项沼气减排国家标准意见征集，组织开展国家强制标准《民用水暖煤炉通用技术条件》（GB 16154）的评估和95项农村能源类农业行业标准复审工作。

二、履行沼气国际标委会秘书处职责

生态总站积极发挥国际标准化组织沼气技术委员会（ISO/TC 255）秘书处的重要作用，积极协调推动标准化文件起草进程，按时完成投票工作；向成员国及时发布ISO重要通知文件；在北京组织召开2024年度全体大会；在系统中新增中方注册专家18名，提升中方专家标准制修订参与度；更新成员国联系人信息，在对外交流场合积极介绍ISO/TC 255及相关标准发展情况。此外，秘书处在2024年度全体大会上，组织提出《生物天然气自愿核证通则》《沼气发电厂的运行管理》《沼气系统甲烷排放监测、报告与核查》等3项ISO国际标准提案。

秸秆综合利用

基本情况

全国农作物秸秆产生量8.67亿吨，可收集量7.33亿吨，利用量6.47亿吨，综合利用率达到88.3%。其中，秸秆肥料化、饲料化、燃料化、基料化、原料化利用率分别为55.4%、23.6%、7.9%、0.65%和0.75%。秸秆直接还田量3.71亿吨，离田利用量2.76亿吨，离田利用效能不断提升。

制度建设

2024年5月，农业农村部印发《关于做好2024年农作物秸秆综合利用工作的通知》，对做好2024年秸秆综合利用工作进行系统部署，提出推进秸秆科学还田沃土、推动秸秆离田高效利用、打造秸秆循环利用样板、加强秸秆台账建设和构建产业化利用长效机制等重点任务，确保全国秸秆综合利用率保持在86%以上，打造一批秸秆综合利用典型样板，推动秸秆综合利用水平和能力稳步提升。

生态总站联合农业农村部秸秆综合利用专家指导组，在关键农时先后发布《2024年春耕期间东北地区秸秆科学还田指导意见》《2024年"三夏"黄淮海地区小麦秸秆科学还田指导意见》《2024年南方双季稻区早稻秸秆科学还田指导意见》和《2024年秋收农作物秸秆科学还田指导意见》，指导各地做好秸秆科学还田和田间管理，确保下茬作物按时播种，保障粮食稳产增收。

贵州印发《贵州省禁止露天焚烧秸秆区域划定方案》，因地制宜划定全省秸秆禁烧区，推动全省秸秆禁烧管理工作和环境空气质量改善。黑龙江印发《2024年黑龙江省秸秆综合利用工作实施方案》，从重点任务、扶持政策、保障措施三个方面对黑龙江省秸秆综合利用工作进行了明确规定。

农作物秸秆资源台账

持续做好秸秆资源台账建设，形成覆盖产生秸秆的2 966个县级单位、使用秸秆的4万个经营主体，以及35.6万抽样农户的秸秆综合利用台账。依托台账数据，对全国秸秆利用基本情况和发展趋势作出科学分析，有力支撑行业需求和技术服务工作。

秸秆还田生态效应监测

2024年，进一步完善还田监测网络，在全国布设44个秸秆还田生态效应监测点位，开展长期定位监测。已有部分点位在持续监测5年后，获得了有趋势性的对比数据，为摸清秸秆还田对土壤有机质、病虫草害发生的影响等提供数据支撑。

秸秆综合利用重点县建设

2024年，生态总站继续配合农业农村部科学技术司在全国实施秸秆综合利用行动，支持建设400多个秸秆综合利用重点县，指导各地编制实施方案、培育利用主体、打造典型样板，形成一批秸秆沃土、产业化发展、循环利用的典型模式。面向重点县和秸秆利用经营主体征集150个县域秸秆综合利用典型模式和169个秸秆产业化利用典型案例。

宣传培训

围绕秸秆肥料化、饲料化、燃料化、基料化和原料化等方向，组织撰写系列科普解读文章15篇，制作秸秆科学还田与离田利用技术短视频20个，回应社会关切，营造良好氛围。遴选各地秸秆综合利用典型经验模式、成熟适用技术等，在农民日报、微信公众号等媒体平台进行宣传推送。人民日报发表《解好秸秆还田这道综合题》，央视新闻直播间以"走三夏 看秸秆七十二变"等为题，报道各地秸秆还田、收储运、加工利用最新经验做法。农民日报头版报道2次，整版报道1次，科技日报、经济日报等中央媒体对秸秆综合利用报道30余次，提高了公众对秸秆综合利用的认识。

支持浙江、安徽、江西等地推进秸秆产业化发展。推动浙江省出台高质量推进农作物秸秆综合利用的政策措施，组织各省市700余人参与安徽省第8届秸秆博览会，指导江西开展秸秆产业对接活动。全年组织全国性现场交流活动2次，组织和参与各类各地培训10余次。

秸秆综合利用技术短视频

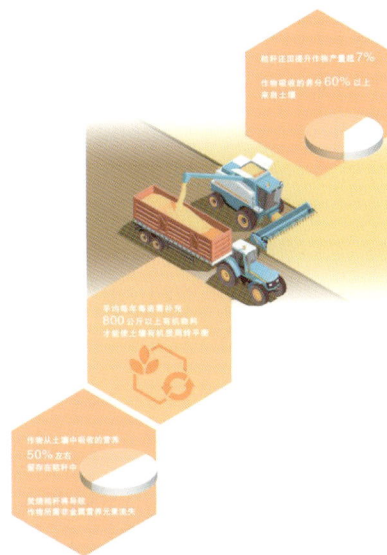

解好秸秆还田这道综合题

全国秸秆综合利用现场推进会

农业绿色发展

基本情况

2024年，全国农业绿色发展成效显著，化肥科学施用水平不断提高，农药施用量继续保持下降趋势，农业废弃物资源化利用水平稳中有进，种养结合农牧循环格局加快建立，累计培育生态农场776家。

制度建设

2024年2月，国务院办公厅印发《关于加快构建废弃物循环利用体系的意见》，明确了构建废弃物循环利用体系是实施全面节约战略、保障国家资源安全、积极稳妥推进碳达峰碳中和、加快发展方式绿色转型的重要举措，对加快构建废弃物循环利用体系提出了指导意见，为生态循环农业发展提供了有力支撑，促进农业生产与生态环境协调发展。

2024年12月，农业农村部印发《关于加快农业发展全面绿色转型促进乡村生态振兴的指导意见》，明确加快农业发展全面绿色转型促进乡村生态振兴的10项重点任务和措施。《意见》提出，到2030年，我国农业绿色发展水平明显提高，农业资源利用效率稳步提高，废弃物资源化利用水平明显提升，农业产地环境保护水平持续增强，绿色低碳循环的农业产业体系初步构建，农业发展全面绿色转型取得积极进展，农村生态环境显著改善，乡村生态振兴有效推进。

关于加快农业发展全面绿色转型促进乡村生态振兴的指导意见

地方农业绿色发展指导

2024年10月，生态总站在北京举办农业绿色发展典型技术模式培训班，系统解读新阶段经济社会发展全面绿色转型、农业绿色发展、生态产品价值实现等政策，交流地方农业绿色转型与绿色金融实践的经验做法、典型案例和技术模式。

农业绿色发展典型技术模式培训班

2024年11月，生态总站在重庆市璧山区召开推进农业绿色转型工作交流研讨会，交流地方推进农业绿色转型经验做法，现场观摩农业绿色发展典型技术模式，研究探讨推动农业绿色转型路径举措，持续强化对地方农业绿色发展工作指导支撑。

推进农业绿色转型工作交流研讨会

2024年6月，生态总站与江苏省盐城市人民政府签订合作框架协议，明确双方将在生态低碳循环农业体系建设、农业生态产品价值实现机制探索、绿色低碳技术产品推广应用、绿色低碳农业发展长效机制建设等方面开展合作，共同打造长三角农业绿色低碳发展新标杆。

生态循环农业建设典型模式

一、总结区域生态循环农业典型模式

梳理总结近年来各地推进生态循环农业的做法和成效，形成以秸秆产业化高质高效利用的蚌埠模式、农业碳账户为引领的衢州模式、稻渔综合种养的剑河模式等21个县域、市域生态循环农业典型模式，为区域尺度生态循环农业建设提供模式样板。

二、遴选一批生态农场典型模式

在三年生态农场培育工作的基础上，围绕产地环境保护、投入品减量、农业废弃物资源化利用、农田景观构建以及现代高效农机装备应用等方面，分区域分类型梳理总结了90多个生态农场典型模式，推广"主体小循环"生态农业建设实用技术和发展模式。

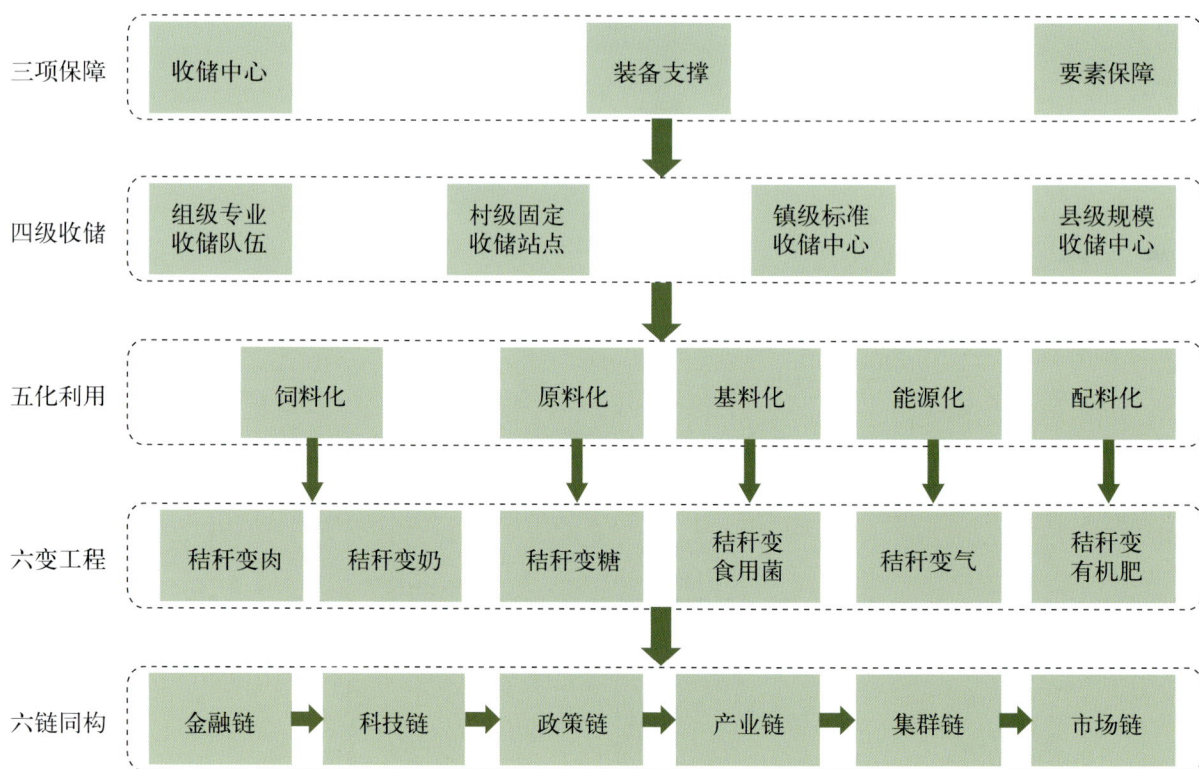

蚌埠秸秆产业化高质高效利用模式

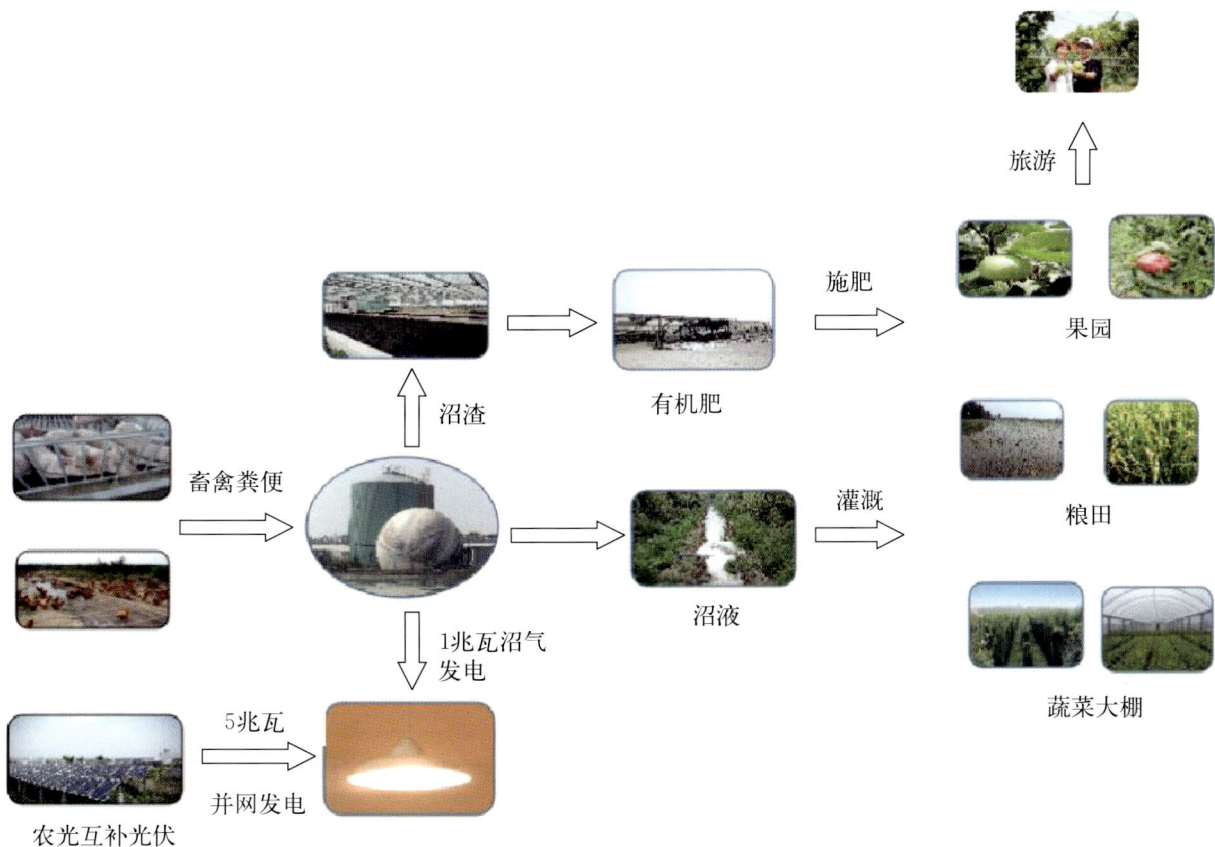

江苏洋宇生态农业有限公司"猪—沼—果蔬粮"循环模式

宣传推广

2024年8月，生态总站面向全国开展农业生态产品价值实现典型案例征集活动，推介农产品优质优价、乡村生态旅游、农业生态系统修复、生态资源权益交易、创新绿色金融模式等方面典型案例。

2024年11月，先正达集团中国联合生态总站发布《农产品碳足迹评价与应用研究报告》，围绕农产品碳足迹评价应用进行了系统性研究，聚焦农产品碳足迹评价应用的关键问题，提出了工作推进建议。

农业生态产品价值实现典型案例（第一批）

农产品碳足迹评价与应用研究报告

国际交流

基本情况

2024年，农业环能体系积极开展多双边交流合作，扎实做好履约谈判支撑，推动项目谋划与实施，促进了农业绿色发展理念和技术的引进与实践。生态总站先后派员参加《生物多样性公约》第16次缔约方大会、《联合国气候变化框架公约》第29次缔约方大会等会议。保持与全球环境基金（GEF）、联合国粮食及农业组织（FAO）、联合国开发计划署（UNDP）、世界银行（WB）等国际组织沟通交流，全力做好项目执行。全年整理汇总国际农业环能领域前沿资讯信息，发布《农业生态与资源保护国际信息快报》10期，及时分享行业国际前沿动态。

中英农业绿色发展合作

为推动《中英农业绿色发展合作谅解备忘录》落实，生态总站派员赴英国驻华使馆与英农业食品饮料参赞开展交流研讨，商讨年度合作计划，并邀请其出席农业应对气候变化国际研讨会，分享英国农业应对气候变化经验。派员参加"中英青年领导者圆桌会"进行农业应对气候变化典型案例分享。联合国际应用生物科学中心（CABI）召开生物多样性国际研讨会，研讨农业外来入侵物种防控与国际项目进展，交流分享国际外来入侵物种防控经验，有力促进备忘录落实与农业绿色发展合作。

国际履约谈判支撑

生态总站派员赴哥伦比亚，参加《生物多样性公约》第16次缔约方会议，重点围绕外来入侵物

派员参加《生物多样性公约》第16次缔约方会议

种、生物安全管理、遗传资源数字序列信息等农业领域议题开展磋商谈判，推动在会议期间达成创建卡利基金、设立土著人民和地方社区附属机构等决议，并在联合国环境规划署（UNEP）与联合国粮食及农业组织（FAO）共同举办的"可持续黑土管理促进'里约三公约'协同"边会上参与讨论对话，分享我部黑土地保护政策措施与国际项目成果经验。

生态总站派员参加《联合国气候变化框架公约》第29次缔约方会议，按照农业与粮食安全气候行动沙姆沙伊赫联合工作路线图相关要求，重点围绕沙姆沙伊赫在线门户网站建设、2025年研讨会等内容进行磋商，取得了关键进展。该网站将用于分享农业项目、倡议和政策的相关信息，增加实施气候行动的机会，助力解决全球农业和粮食安全有关问题。

派员参加《联合国气候变化框架公约》第29次缔约方大会

国际多双边交流

围绕生态农业发展，在农业农村部国际合作司和农业农村部对外经济合作中心的大力支持下，积极推进与德方合作，与相关方共开展3轮正式座谈，与德方人员在北京、浙江共同开展调研，遴选示范生态农场，成功推动双方农业部门共同签署《中华人民共和国农业农村部与德意志联邦共和国联邦食品和农业部联合意向声明 实现中德农业生态创新伙伴关系可持续未来的共同方案》，促成项目落地实施。

中德生态农业合作研讨会

调研北京生态农场

　　积极推进与欧盟的相关合作，邢可霞副站长赴欧盟使馆参加"中欧可持续农业农田生态系统研讨会"，并做致辞讲话。围绕GEF项目实施，生态总站赴UNDP开展工作研讨，促进项目实施。

生态总站副站长邢可霞在研讨会致辞

赴 UNDP 开展工作研讨

在国家外国专家局和农业农村部科学技术司支持下，生态总站派员带队赴西班牙开展为期14天的"气候智慧型农业政策与技术"培训，集中学习了西班牙气候智慧型农业与食物产品培育、农业创新与技术应用、农业产业体系与组织等先进技术模式，安徽、河南、黑龙江、辽宁等省份相关人员参加了培训。

气候智慧型农业政策与技术培训班

生态总站组织召开农业应对气候变化和生物多样性保护国际会议，举办零碳村镇建设、老品种保护、农业生态系统转型、外来入侵物种防控、气候智慧型草地等培训班7次，有力促进了全国行业体系队伍业务能力提升。全年邀请GEF项目专家、FAO官员等来华交流分享，实地赴安徽、辽宁、吉林、江西、湖北等省份开展调研，推动项目落地。

国际项目实施与谋划

一、实施全球环境基金6期气候智慧型草地生态系统管理项目

2024年，项目围绕草原生产力和草牧业生产效益提升，继续开展气候智慧型草地生态系统管理项目实施。完成春季休牧48 000亩、圈窝种草480亩的示范任务，并完成免耕补播草地改良情况核查；组织项目团队赴青海祁连开展项目实施效果的监测与评价任务；开展基于实证的草地生态补偿政策创新研究；世界银行组织开展项目第四次执行情况调研，对该项目实施成效的评价为"满意"。

第四次执行情况调研

第四次综合监测

二、实施全球环境基金6期中国起源作物基因多样性的农场保护与可持续利用项目

2024年，起源作物项目在5个推广区全面运行参与式管理机制，推动将"河北省谷子和燕麦地方品种保护与利用示范项目"列入《河北省2024年生物多样性保护工作方案》。举办老品种保护培训班。

项目指导委员会第四次会议

2024年丰收节活动

三、实施全球环境基金6期外来入侵物种综合防控体系建设项目

2024年，持续推动目标物种综合防控技术示范应用，推广面积累计达到2.9万公顷。联合生态环境部、海关总署开展部门能力建设与协调合作、外来入侵物种防控技术示范与推广、项目成果总结梳理与宣传培训等活动，取得良好成效。

项目第四次指导委员会议

举办福寿螺防控治理活动

四、实施GEF7期面向可持续发展的中国农业生态系统创新性转型项目

2024年，在5省6个首批项目县建设了16个核心示范基地，全面开展项目区生态低碳农业技术示范应用和实施效果监测评价活动，初步构建了项目区适应性生态低碳农业技术模式。举办了项目生态低碳农业技术培训班和管理培训班，组织项目专家和项目区代表参加全球粮食系统、土地利用和恢复影响力计划（FOLUR）区域对话及线上交流会，促进项目实施成果和经验分享。

项目区实地调研督导

赴江西开展项目督导

五、实施全球环境基金7期中国零碳村镇促进项目

2024年，完成9个零碳示范村镇的能源规划与实施方案编制与审议，并先期在5个示范村开展零碳村镇示范工程建设。赴四川、云南、河北等省示范区调研与项目督导；开展可再生能源技术应用、

节能和能效技术应用、监测评价、建设等指南编制工作，开展示范村镇监测评价活动。

零碳村镇促进项目培训班

示范村镇规划编制评审

六、谋划推动全球环境基金8期中国生态低碳大食物系统项目

全球环境基金8期中国生态低碳大食物系统项目是全球粮食系统综合项目（FSIP）的子项目之一，FAO为国际执行机构，农业农村部为国内实施机构。项目内容覆盖种植、畜牧、水产养殖等行业，旨在推动"大食物观"和"生态低碳"发展理念，促进农业与食物系统转型。项目于2024年2月获得GEF理事会批准，全年共组织近100人次的专家团队，实地赴辽宁、吉林、黑龙江、安徽、江苏、湖北、福建和宁夏8个项目省份进行调研，会同国际专家召开3次专家研讨会，完成了项目文本、预期成果和支出预算编制，并提交GEF委员会审议。

项目文本设计启动会

开展项目调研

行业动态

四川创新"四条路径"
为乡村全面振兴注入绿色动能

四川省农村能源发展中心负责全省农村能源建设的管理、推广工作，是省农业农村厅直属的参公单位。2024年以来围绕农村能源建设、秸秆综合利用、农业农村减排固碳"一体两翼"重点工作，创新"四条路径"驱动农村能源转型发展和高质量发展，为四川乡村全面振兴注入绿色动能。

一、建管并重探索农村沼气转型发展之路

聚焦农业新质生产力，创新项目推进方法，通过"专群、专人、专管三专管理+全周期督导"模式，有力推动2024年23处农村沼气工程种养循环项目建设全面完工。建立"多级验收+专家复核"机制，保障工程质量与效益双提升。强化安全监管，全面落实"2+2"工作法和"九条措施"，启动青神县户用沼气分类处置试点，常态化开展农村沼气安全生产月活动和交叉调研，全省累计开展应急演练230余场，警示教育165万余人次，排查户用沼气51.5万口，沼气工程2 752处，整改隐患3 670余处。

二、精准发力推进秸秆利用高质高效之路

构建"重点县+示范带+技术链"三维体系，争取中央资金1.24亿元在29个重点县实施项目，打造5个秸秆沃土、产业化等特色模式县。营山县试点油菜秸秆利用，打造川东北片区秸秆高质高效利用示范带，推广智能堆肥等新技术。联合四川省农业科学院发布"冬水稻田秸秆还田技术"等主推技术，制定分区域还田规程。讲好四川秸秆故事，出版《四川秸秆综合利用发展报告》，汇集10余项技术模式、60余个典型案例，为各级秸秆产业政策制定、全国秸秆利用行业提供"四川经验"。在农民日报等媒体刊发宣传报道6篇。

三、试点先行拓展减排固碳探索创新之路

编制《四川省低碳乡村建设工作方案》，遴选启动5个首批四川低碳乡村培育工作，米易县龙华村等2村入选全国首批低碳乡村建设名单。探索生物质资源低碳循环发展，制定3项中国农村能源行业协会团体标准，开展秸秆生物炭应用于重金属污染稻田土壤修复长期定位试验及大田应用，建立日产10吨的西昌秸秆炭化工厂。在阆中市等地组织开展了形式多样的低碳科普活动。

四、上下联动迈出行业体系协同发展之路

从提高数据质量、提升业务水平、发挥行业优势入手，全面加强可再生能源统计工作。实施"调研+培训+数据"三同步工程，完成《秸秆还田效应情况》等10余篇调研报告，组织市县参加专题培训1 000余人次。深化与四川大学、农业农村部沼气科学研究所等合作，在秸秆制生物柴油等科技攻关中形成"政产学研用"协同创新机制。建立"储备核查—专家评审—进度跟踪"项目推进机制，创新"发点球"督导法，构建"制度+隐患+底数"安全闭环，探索"试点+标准+科普"低碳发展矩阵，不断推动农能行业创新发展、转型发展。

广汉市全成秸秆回收专业合作社

湖北强化使命担当　助力农业绿色发展

湖北省农业生态环境保护站主要承担农业野生植物资源管理与保护、外来入侵生物管理与防治等工作，是省农业农村厅直属的参公单位。一年来，以强烈的使命感和责任感，推动工作取得新突破、实现新质效、再上新台阶。

一、加强区域农业面源污染治理，促进农业绿色发展

2024年，争取中央预算内资金2.15亿元，组织郧西县等8个县市，以小流域农区为整体治理单元，坚持系统思维、问题导向、治水为先、产业融合等原则，菜单式集成工程技术措施，打造乡村生态振兴样板。《长江经济带小流域农业面源污染综合防治关键技术与应用》荣获省政府科技进步奖三等奖。2024年7月30日，全国农业生态环境保护工作推进会在湖北十堰成功召开，郧阳区龙泉河小流域农业面源污染治理工作得到了参会代表的高度评价。

二、加强农膜科学使用回收，治理农田"白色污染"

2024年，组织全省62个县开展地膜科学使用回收试点。联合农业农村部生态总站、中国农业科学院油料作物研究所、华中农业大学、湖北省农业科学院、湖北大学等单位和科研院所，特别是中国工程院院士李培武、湖北省政协副主席王红玲团队加入，开展农用地膜适用性评价，建设农膜回收利用产业化示范基地、农田地膜残留污染监测评估网络和农膜信息数据库与项目核查系统，构建农膜项目生态价值核算与碳资产估算系统，构建农膜回收利用长效机制。全省已建成地膜回收网点2 633个，2024年湖北省农膜处置率达87%。

三、加强农业资源保护，促进农业可持续发展

2024年，新建1个、续建2个农业野生植物原生境保护点建设项目。截至目前，全省已有36个农业野生植物原生境保护点。建设省级农业野生植物监测监控平台，提升野生植物保护能力。首个农业类全球环境基金（GEF）"湖北农业土著品种基因资源多样性保护与可持续利用项目"顺利推进，探索农业土著种保护与可持续利用路径。印发《关于做好2024年外来入侵物种防控工作的通知》《湖北省加强外来物种入侵防控2024年工作要点》。2024年，全省公开196部热线电话，发动4万余人，开展加拿大一枝黄花、福寿螺等重点外来入侵种防除活动500余次，构建了外来入侵物种联防联控、群防群治的工作机制。

四、积极争取多元投入，构建共治共享机制

争取湖北省科学技术协会支持，启动"长江经济带农业生态系统修复及生态产品价值实现路径研究"和"湖北省农业生态产品价值实现工程研究"院士决策咨询项目，世界银行贷款结果导向型"湖北生态低碳农业与土壤健康提升项目"获得国家发展改革委、财政部审批立项，即将启动实施。

出版《农业生态产品生产技术》《农业生态产品价值实现：品牌、市场与政策研究》2部书籍，制定《农业生态产品生产技术规范》等5个省级地方标准，为科学统筹农业生态保护与绿色高质量发展建言献策。

十堰市郧阳区龙泉河小流域农业面源污染治理现场

山东锐意进取　开拓创新
全力推进农业绿色高质量发展

山东省农业生态与资源保护总站主要承担耕地土壤环境质量管理、农业生物物种资源管理相关技术支持等工作，是省农业农村厅直属的公益一类事业单位。2024年以来，加快推进农业发展全面绿色转型，获得省农业技术推广成果优选计划项目一等奖等奖励，工作成效明显。

一、工作机制呈现新格局

近年来，《山东省土壤污染防治条例》《山东省农产品质量安全条例》等地方法规陆续出台，全省农业绿色发展工作的法治支撑进一步强化。在全国率先成立乡村生态振兴工作专班，重点推进生态循环农业建设、农业生态与资源保护等工作，支撑农业绿色发展的工作新格局。2024年，省厅成立绿色发展处，是目前为止全国省级农业农村行政主管部门唯一一个农业绿色发展专门处室。

二、农膜科学使用回收取得新成效

全省农田地膜残留量连续4年下降，农膜回收率稳定在92%以上，提前完成2025年国家85%的目标要求。在科学使用回收方面，全省累计清理农田1 145余万亩，实现了应收尽收。在回收体系建设方面，在2022年试点基础上，争取专项资金3 000万元，推进废弃农膜回收体系建设，覆膜1万亩以上的县回收体系100%覆盖。在替代技术应用方面，聚焦花生等主要覆膜作物，在淄博、潍坊等地开展全生物降解地膜试验示范。

三、农业生态安全开创新局面

圆满完成了外来入侵物种普查任务，在普查过程中，同步推进外来入侵物种防控工作，建立了防控联络机制。横向联合自然资源等部门，开展了加拿大一枝黄花专项灭除行动。纵向联动省、市、县开展了20余种外来入侵物种灭除防控活动。指导16地市集中开展福寿螺、苹果蠹蛾专项调查和灭除防控，共同防治农业外来物种侵害。

四、农业生态环境监测迈出新步伐

统筹布设产地土壤环境、农田氮磷流失、地膜残留等监测点位，印发农田氮磷流失、地膜残留等监测技术规范，布设省级以上耕地土壤环境质量等各类监测点位8 000余个，建立了"省站—技术支撑单位—基层技术人员"三级联动工作体系，建立了涵盖数据采集、上报、审核、分析等全过程的信息系统。

五、农业生态循环再上新台阶

坚持绿色循环低碳发展，遴选培育一批现代高效生态农业市场主体，打造绿色生态品牌，成为展示生态农业技术模式的排头兵、推进生态农业建设的领头羊、加快农业发展绿色转型的典型样板。积极开展省级生态农场认定，认定省级生态农场 210 家，青岛、淄博、潍坊、日照、滨州等 6 个市还启动了市级生态农场认定工作，构建了三级生态农场齐头并进、梯次发展的良好局面。

严东权站长调研农业外来入侵物种普查工作

四川坚定不移抓落实　锚定目标要实效

　　四川省农业生态资源保护中心主要承担农业环境监测和有关网络建设等工作，是省农业农村厅直属的公益一类事业单位。2024年以来，紧紧围绕农业强省建设和乡村全面振兴总目标，持续为四川农业高质量发展注入强劲动能，为打造新时代更高水平"天府粮仓"贡献力量。

　　一、从"心"出发，凝心聚力打造农业农村生态环保铁军

　　四川省农业生态资源保护中心自2022年8月成立以来，迅速搭台定位，以"生态振兴是乡村全面振兴的重要任务"为导向，构建了一支硕士研究生占比达70%的农业环保生力军，重视业务能力提升，更注重党性锤炼。2024年坚持做到每周五开展业务交流学习，同时集中开展党纪教育学习4次、专题学习6次、主题党日活动3次，党支部荣获主题教育联学赛学活动优秀组织奖。不断完善内控制度，现已形成党的建设、工作管理、财务管理、人才队伍建设等26个较为完善的管理制度。

　　二、向"新"而行，推动农业生态资源重点任务落地见效

　　2024年从6个方面锚定目标，深耕创新。一是打造四川地膜科学使用回收"西南模式"，该模式入选国家发展改革委地方塑料污染治理典型经验，并在人民日报、农民日报专栏推介。二是推动建立"联防联动、产学研合作、全民参与、应急响应"四个机制，提升外来入侵物种防控实效。三是农业生态环境监测体系建设全覆盖布局，已布设建成包含产地环境协同监测点、产地环境综合监测区域站点、农田面源污染监测站点、农膜使用效果监测点、气体监测点等各类站点。四是累计实施障碍耕地修复利用55.4万亩，守护人民群众"舌尖上的安全"。五是认真建设好长江和金沙江省级联络员单位，获得河湖长制省级考核一等次。六是大力支持配合第三轮中央生态环境保护督察重点任务，实现了全省农业系统无省级信访件、无紧急性补充资料、无接受质疑质询、无省级典型曝光案例、无干部被追责问责的"五无"目标。七是年内8次在全国进行典型发言交流，在人民日报、农民日报等中央、省部级宣传平台发布信息6篇。

　　三、用"行"落实，不断夯实农业生态资源保护基石

　　一是不断深耕自身。承担2023—2024年四川省重大协同主推技术，起草申报省级地方标准2项，提炼申报实用新型专利2项。在《中国沼气》等期刊发表文章9篇。二是发挥桥梁作用。以专家库为支撑，分类、分层级培训基层技术骨干和从业人员4万余人次，全面提升基层业务技术水平。三是加强宣传推介。参与2024—2026年3年中央"三区"科技人才支持计划人员选派项目。高效完成生猪高效生产配套技术协同推广计划项目，集成种养循环模式1套，并在4个项目市示范推广，创建农业重大技术协同推广计划种养循环技术集成示范推广基地16个，印制发放《种养循环关键技术手册》200余份。

山西扎实推动农业资源环境保护和农村能源建设工作

山西省农业生态保护与资源区划中心主要承担农业农村资源和环境保护技术、农村可再生能源开发利用等工作，是山西省农业农村厅直属的公益一类事业单位。2024年以来，坚决扛起农业生态环境保护政治责任，扎实推动全省农业资源环境保护和农村能源建设，取得良好成效。

一、以绿色发展为导向，农业生态环境保护工作取得新成效

一是持续推进受污染耕地安全利用。动态调整耕地土壤环境质量类别，指导市县100%落实风险管控技术措施。布设211个国控点和1 378个省控点，开展土壤及农产品协同监测。全省受污染耕地安全利用率达98.9%，高出国家要求6.9个百分点。二是全链条推进农田地膜综合治理工作。推广加厚高强度地膜190万亩、全生物降解地膜26万亩，其中全生物降解地膜超额完成6万亩。印发《关于加强农田地膜监管执法工作的通知》，切实加强农田地膜监管执法。积极争取省级资金5 700万元用于推动废旧地膜回收处置体系建设。分南北区域召开全省地膜科学使用回收推进会。主要做法得到了山西省委书记唐登杰的充分肯定。三是强化"四链融合"工作机制，全力推动全省秸秆产业链向纵深发展。全省秸秆综合利用率持续稳定在90%以上。在天镇县等10个县实施中央秸秆综合利用项目，在安徽省举办全省秸秆综合利用技术培训班并组织全省重点市县参加安徽秸秆博览会，积极引进万豪能源集团在山西省投资。四是加强外来入侵物种防控。布设470个监测点，积极开展常态化监测。聚焦重大危害物种，分区域举办3场省级现场灭除活动，带动市县开展防控治理活动90余场，现场灭除活动240余次，外来入侵物种防控上下联动、联防联控、群防群治格局初步形成。

二、以转型升级为契机，农村可再生能源建设取得新突破

一是持续加强农村沼气安全管理。通过多措并举，实现农村沼气安全生产零事故。全年累计开展三轮安全检查指导，对全省34处报废沼气工程全部进行安全处置。二是深入推进"千乡万村驭风行动"。在全国率先创新性地提出"土地入股＋保底收益"村企合作乡村振兴分配模式。全省驭风行动共42个项目，装机规模达到186.74万千瓦，覆盖10个市40个县143个村。引进40多家企业在山西投资，总金额90余亿元，每年可带动村集体增收4 000余万元。三是积极开展中国零碳村镇示范建设。在全国零碳村镇促进项目推进会议上就典型做法进行交流发言，并受到生态总站书面表扬。

全年在农民日报、山西日报、黄河新闻网等媒体上开展专题宣传，累计报道20余次。制作大型宣传海报9张，摄制宣传视频6个，并在黄河新闻网融媒体等平台上进行广泛宣传，持续奏响农业生态环保宣传的"最强音"。

现场查看地膜回收台账

中国农业科学院农业环境与可持续发展研究所扎实推动农业绿色技术创新助力乡村全面振兴

中国农业科学院农业环境与可持续发展研究所是中国农业科学院直属研究所之一，围绕影响和制约现代农业发展的光、温、水、土、气、生等农业环境要素及其时空演变规律和对农业生产的影响，致力于农业环境领域前瞻性、基础性、关键性的科学发现和技术创新。研究所拥有12个科研创新团队，在职职工201人。建有包括国家工程实验室、部院级重点实验室、国际联合实验室、国家和部院级野外台站的多层级、多功能的农业环境科研平台体系。

2024年，12个科研团队重点围绕农业绿色低碳技术供给需求，攻难点、解卡点、破堵点，在原创性技术研发、新产品新装备创制、技术模式集成和示范应用等方面取得一系列新突破。全年研究所以第一作者或通讯作者发表论文280篇，其中IF > 20论文3篇，JCR学科排名第一或IF > 10期刊论文35篇；出版著作21部；牵头制定国家标准3项；授权专利107件。主笔咨询报告48份，其中40余份咨询报告获省部级领导批示，6份获副国级领导批示。选派27位专家参与玉米、大豆、蔬菜、棉花、生猪、家禽、茶叶、乡村建设与治理等11个产业专家团，有力支撑稳产保供。积极响应科技援疆援藏号召，组织科研团队围绕新疆戈壁设施农业、棉花生产、秸秆处理以及西藏农牧业高质量发展提供强有力的科技支撑。

中国农业农村低碳发展报告发布会暨第十七届农业环境学术研讨会

农业农村部环境保护科研监测所科技创新与智库建设取得新突破

农业农村部环境保护科研监测所成立于1979年，是我国最早从事农业农村环境保护科学研究和监测的专业机构。近年来，研究所在农产品产地环境监测预警与评估、农田污染物防控与治理、乡村环境整治提升和农业面源污染防治及生态循环等四大领域开展应用基础研究和核心技术攻关，为我国现代农业发展和乡村振兴战略实施提供科技支撑。

2024年，研究所科技创新和智库建设取得新突破。立项"十四五"国家重点研发计划"农业面源、重金属污染防控和绿色投入品研发"重点专项4项。通过"中办直通车"报送政策建议，获中央常委批示2篇，副国级批示3篇，中办单篇1篇，并获中办优秀信息。

一、在农田污染物防控与治理领域

围绕"设施菜地典型新污染物与重金属环境风险阈值及绿色长效阻控机制研究"，明确了土壤中抗生素及其代谢产物相互转化存在生态风险，创新了基于电子互营的微生物强化降解技术，创制了绿色功能材料负载微生物的增强型降解产品等，为推进净土保卫战和耕地保护需求提供科技支撑。2024年度，获国家领导人批示3件、金砖国家解决方案大赛-生物技术与国民健康类别最高奖项，科技日报等主流媒体广泛报道。

二、农产品产地环境监测预警与评估领域

摸清了黄淮海、西南、湘江流域、珠三角农田土壤区域特征污染物类型及分布规律，开发了遥感-重金属全量、X荧光-活性态土壤重金属快速监测技术，开发了采制样质控、采测分离系统、数据审核全程质控系列产品，编制形成了农田土壤重金属环境风险研究报告，建立了典型区域适宜性修复技术筛选标准方法。

三、农业面源污染防治及生态循环领域

新增"十四五"国家重点研发《重要湖库流域面源污染监测防控》《集约化蔬菜产区面源污染防控及绿色发展技术集成示范》项目，取得了系列科研进展，揭示了不同农业减源措施下农田碳固存协同抑病的生态学机制，创制系列炭基材料，揭示了过程阻控农田氮磷淋失的生物学机制，为我国农业面源污染治理和农业绿色发展提供科技支撑。

四、乡村环境整治提升领域

集成高效脱氮菌种、高效除磷材料和多层复合生物滤池工艺等技术在湖北、贵州等地落地示范。针对农村人居环境废弃物污染底数不清、产排特征不明的问题，构建了"三观测两实验"乡村环境长期因子观测网络体系。揭示了秸秆三素分离规律，探明了定向转化为有机酸、醇等反应调控机理。围绕中国式乡村绿色发展驱动机制与实践路径研究形成的有关政策建议报告获得副国级领导批示。

农村改厕技术模式在湖北、宁夏、山东、贵州示范应用

农业农村部成都沼气科学研究所 在《自然》（*Nature*）发表重要文章

农业农村部成都沼气科学研究所（以下简称沼科所）成立于1979年，是经国务院批准成立的、国内唯一从事沼气等可再生能源研究的公益性研究所，主要从事农村能源、农业工程、农村生态及其交叉领域的科学问题、关键技术和战略政策研究。建所以来，承担完成863计划、973计划、重大专项计划、科技攻关计划、科技支撑计划、重点研发计划等国家级科研项目110余项，获得国家科学技术进步奖二等奖4项、三等奖3项，省部级科技进步奖43项。

2024年，沼科所联合荷兰瓦赫宁根大学等多家单位，发现并分离培养了一种新型的产甲烷古菌，相关成果发表在《自然》（*Nature*）。

产甲烷古菌最早出现在34亿年前，是地球上最古老的生命形式之一，是研究生命起源与进化的重要材料。产甲烷古菌也是全球甲烷产生的重要来源，约70%的甲烷是由产甲烷古菌代谢产生的，而甲烷是一种强效的温室气体，其全球排放量高达5亿~6亿吨。传统观点认为产甲烷古菌隶属古菌域广古菌门，但近年来通过基于高通量测序的宏基因组学研究，提出自然界中广泛分布着非广古菌门的古菌，并推测这些新型古菌具有发酵生长、硫氧化等非甲烷代谢潜能。但迄今为止，这些古菌处于"暗物质"状态，一直没有纯培养物，无法进一步研究它们的碳代谢功能。沼科所科研人员历时7年，利用自主研发的鸡尾酒分离法，首次分离获得佛斯特拉门古菌纯培养物，并通过^{13}C同位素标记、模拟培养、膜脂分析等方法，证实了该古菌具有氢依赖代谢甲基类物质产甲烷的生理功能，但不具有发酵生长能力。

这是我国科研团队首次在顶级期刊发表厌氧微生物分离培养的报道。同时，该研究是通过沼科所科研人员自主研发的鸡尾酒分离法，实现的新型产甲烷古菌分离，并证明了分离出的佛斯特拉门古菌具有独特的代谢功能。揭示和分离这种新型的产甲烷古菌，为科研人员更加深入理解甲烷的生物学来源提供了新的线索。该发现有助于更加精确地评估全球甲烷排放的来源和机制，还可以开发新的生物技术手段，帮助实现更高效的甲烷捕集与转化技术，从而促进低碳技术的发展和应用，为全球碳循环模型的完善和温室气体减排策略的制定提供支持。

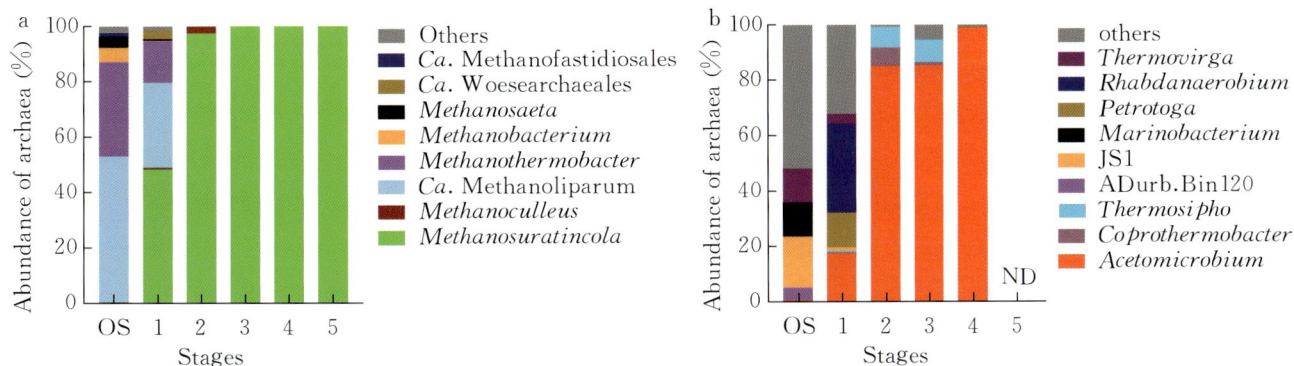

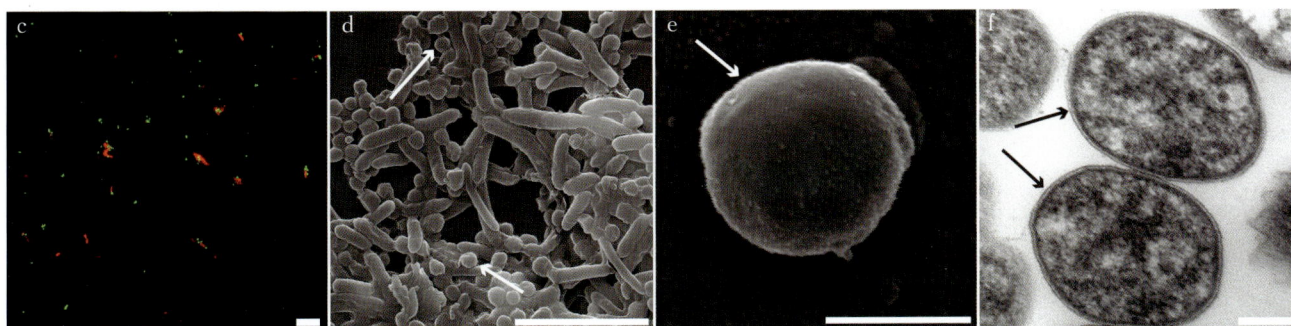

Methanosauratinolia的分离阶段古菌组成和丰度（a），细菌组成和丰度（b），Methanosaturatinolia 共培养物的显微观察（c~f）

地方实践

安徽亳州:
升级秸秆产业助力乡村生态振兴

近年来,安徽亳州多措并举推动秸秆资源化利用和产业化发展,实现秸秆产业从作坊生产到现代产业升级。2017—2024年,亳州市秸秆综合利用率由89.9%提升至95.83%,产业化利用率由28.15%提升至61.1%,年利用秸秆500吨以上规模企业数量由95家发展到395家,实现了量质齐升。

建群强链厚植发展根基。将秸秆产业作为重要的基础乡村产业来发展,印发亳州市《农作物秸秆综合利用五年提升行动计划(2021—2025年)》《农作物秸秆综合利用奖补实施细则》等文件,深入推进秸秆肥料化、饲料化、能源化、基料化、原料化等"五化"利用。通过政府主导、群众参与、市场运作,打造秸秆综合利用收、储、运、用产业链,全产业链产值达25.6亿元。积极服务肉牛、菌菇等乡村产业集群建设。强化"秸秆—饲料—肉牛养殖"生态养殖产业链,服务"秸秆变肉"暨肉牛振兴计划,有力支持全国高品质肉牛、肉羊、生猪优势养殖区建设。建设"秸秆—基料—食用菌栽培"生态循环种植产业链,支持开展食用菌产业振兴行动,所辖三县一区被列为省"十四五"食用菌产业发展重点示范县,年产食用菌4万吨、产值3.5亿元。

创新模式提升发展效益。涡阳县创新探索"政府+秸秆收储主体+村集体经济组织+农户"秸秆竞拍新模式,推进秸秆收储向市场化转变,提高了相关各方收储和利用秸秆的积极性。蒙城县借助合同能源管理,创新形成集秸秆收、储、运、加、转、销的一体化"热能托管"模式,实现秸秆综合利用产业降本增效。亳州谯城依托丰富的中药材秸秆资源,形成稳定的"中药材秸秆收储运—肥料化利用—高品质中药材种植"绿色产业发展模式,并拓宽在食品、保健等行业利用价值,实现效益最大化。

集智攻关积蓄发展后劲。推动科技创新和产业创新深度融合,成功举办第23届全国食用菌新产品新技术博览会暨全国(利辛)羊肚菌产业创新发展大会。强化企业科技创新主体地位,支持企业组建秸秆综合利用博士后工作站,开展秸秆综合利用关键技术、共性技术产学研联合攻关。引入合肥综合性国家科学中心能源研究院与亳州市相关企业合作,开展秸秆绿色沼气制甲醇前沿技术协同攻关,建设年处理5 000万立方米沼气制备甲醇生产线,预计年利用秸秆50万~100万吨,年产甲醇3万余吨,提取木质素1.4万吨、纤维素50万吨,年产值达1.8亿元。

江西东临：
东乡野生稻保护模式

东乡野生稻是迄今为止发现的世界上分布纬度最高的普通野生稻，具有丰富的抗寒、耐冷、耐淹、耐贫瘠、抗病虫害等优良基因，是珍稀的野生种质资源，列入了《国家重点保护野生植物名录》二级保护植物，具有极大的保护和研究利用价值。近年来，江西省不断加强野生稻保护利用，逐步形成了"原生境＋异位圃＋挖掘利用"系统性、专业化的野生稻保护模式。

多措并举，完善原位保护。 原生境保护是农业野生植物保护的重要方式。早在1984年，江西省农业科学院水稻研究所（以下简称"水稻研究所"）即在东乡建立了全国首个野生稻原生境保护点。2021年，江西省依托现代种业提升工程，积极申报农业野生植物原生境保护区建设项目，将保护区面积由此前200亩改扩建至逾千亩，建设完善了工作间、看护房、日光温室、灌溉渠、连接路等配套设施和监测设备。当地人民政府于2022年签订了20年的长期土地租约，为野生稻的自然生长和资源保护提供了基础保证。安排专门人员加强监测管护，及时掌握保护区内东乡野生稻种群生长情况及其生态环境变化。

因地制宜，扩充异位圃。 异位保存圃是农业野生植物资源保护的重要辅助手段，是原生境保护的重要补充。2023年，水稻研究所在江西省农业科学院高安综合试验基地新建了野生稻异位圃，将东乡野生稻和571份联合鉴定野生稻移入该圃长久保存。目前，江西省农业科学院在高安基地野生稻异位圃保存了东乡野生稻9个居群的224份活体资源，并将其种子长期保存在江西省农作物种质资源库。

挖掘利用，发展产业格局。 野生稻蕴含大量抗虫、抗逆、高产等优异基因，是水稻育种的重要物质基础。江西省农业科学院加强东乡野生稻鉴定和挖掘利用，通过十年努力成功克隆出世界首个促进水稻与丛枝菌根高效共生基因 *OsCERK1DY*，获得基因专利，育成的新品种——赣菌稻1号可在减施肥料25%的情况下保持高产，同时对稻瘟病表现出良好抗性。截至目前，江西省农业科学院已利用东乡野生稻成功培育出新品种1个，获得专利13项。

山东阳信：聚焦农业废弃物资源化利用 为农村冬季清洁取暖"保驾护航"

山东阳信依托丰富的生物质资源，创新实施农业废弃物生物质清洁取暖工程，探索出了"政府能承受、环境有改善、群众愿接受"的阳信路径。截至目前，全县生物质清洁取暖改造10.96万户。

立足资源优势，创新清洁取暖模式。一是系统思考、发掘优势。统筹谋划农林废弃物资源化利用、秸秆禁烧等工作，立足作物秸秆、畜禽粪污等生物质原料富集的有利基础，探索冬季清洁取暖新路径的工作思路。二是三种模式、一体推进。结合群众生产生活方式，探索实施了"生物质颗粒成型燃料＋生物质专用炉具"分散式取暖、生物质热电联产余热集中供暖和"秸秆畜—沼—生物天然气"三种模式。三是试点探路、梯次推进。2018年，选取225个村1 000余户为试点进行改造。在5年内持续推进。

科学规划布局，构建长效运行体系。一是三大板块、科学布局。科学布局生物质取暖产业，重点打造中、东、西三大板块。中部片区，作为全县实施生物质燃料取暖改造工作的综合平台；东部片区，建成燃料生产线；西部片区，发展糠醛渣热电联产供暖。二是变废为宝、构建体系。以实施秸秆综合利用重点县项目为契机，组建区域农林废弃物回收利用服务中心，配备专业打包、破碎、运输设备，构建起"农户就地收集、企业就近加工、全域就地使用"的生物质收储运体系。三是补贴引导、产业带动。建立中广核（阳信）生物能源有限公司，年可有效利用秸秆5.84万吨、牛粪20.63万吨，年生产生物天然气291.3万立方米，有机肥4.95万吨。

加强技术服务，保障群众温暖过冬。一是强化技术支撑。争取清华大学、北京大学、北京化工大学、中国农村能源行业协会等专家团队的大力支持，引进国际先进取暖技术落户阳信，实现从农村传统能源到生物质清洁取暖的技术创新。二是开展入户服务。建立了"县、乡、工作片和村"四级服务体系，构建起"县级抓总，乡镇为主，工作片和村庄尽责落实"的四级联动机制。三是加强安全管理。建立覆盖全县的清洁取暖安全保障队伍，开展安全取暖、防范一氧化碳中毒等宣传和服务，营造全民参与的安全氛围，全面筑牢清洁取暖安全防线。

河北定州：
探索地膜使用回收新路径

河北定州耕地面积110多万亩，地膜覆盖在农业生产中占据重要地位，每年地膜使用量约360吨，覆盖面积约8.7万亩。然而，聚乙烯地膜的不合理、不科学使用带来了残留污染问题。近年来，定州市不断强化源头治理，探索创新回收模式，整合各类资源要素，走出了一条独具特色的废旧地膜回收利用之路。

多管齐下，源头管控显成效。 多方发力推广使用全生物降解地膜和高强度加厚地膜。在资金筹措方面，加强与市财政部门沟通，实施应用主体自筹与财政补贴相结合的方式扩宽资金渠道；通过深入市场调查，结合农民承受能力，确定合理的农户自筹资金标准，既增强农户参与主动性、减轻农民负担，又保障项目有序推进。在供膜管理方面，依据农时优先保障早春覆膜作物，确保地膜供应及时、合理。在技术指导方面，农技人员深入田间跟踪观测，评估效果，总结经验，为大面积推广工作提供科学依据。

开拓思路，资源整合新路径。 定州市抓住废旧地膜与生活垃圾中塑料制品同属废弃物这一关键要素，借助全市已有的17个农村生活垃圾转运站，建立起废旧地膜专业化回收网点，形成了"村收集、乡转运、市处理"的能源化利用机制。通过指导农民将耕地中回收的废旧地膜放置于生活垃圾桶，组织村级保洁员使用小型保洁车辆收集乱堆乱放的废旧地膜，再由清运车辆简单压缩后运往专业化回收网点进行统一的清杂、压缩、处理，最后由转运车辆运至生活垃圾发电厂焚烧发电。

众志成城，部门协作提效能。 在整个地膜使用回收工作中，定州市财政局、农业农村局、生态环境局、综合执法局等多个部门紧密合作，形成工作推进合力。财政部门积极筹措资金，为项目提供了资金保障；农业农村部门充分发挥技术优势，负责地膜推广、技术指导和回收体系建设等具体工作；环保部门加强环境监管，确保各项措施符合环保要求；执法部门加强生活垃圾处置体系管理，保证整个体系正常运转。各部门各司其职、相互配合，从资金、技术、管理等多个方面为地膜污染防治工作提供了全方位支持，共同保障地膜污染防治工作顺利开展。

通过多部门协作，定州市地膜回收利用工作取得了显著成效，累计推广全生物降解地膜和加厚高强度地膜3.5万亩以上，推广机制与回收体系不断完善，全市地膜回收利用率达86.5%，农膜回收率达97%以上，构建了地膜污染全链条防治机制，为河北省推进地膜回收机制探索工作提供经验借鉴。

江苏太仓：村域产业多元发展促进农业生态产品价值实现

江苏省太仓市东林村积极探索"循环农业+三产融合"发展举措，打造"优质稻麦种植、秸秆饲料生产、肉羊生态养殖、羊粪制肥还田"的循环产业链条，形成了"一根草、一只羊、一袋肥、一片田"的现代农牧生态循环模式，绿色优质农产品畅销苏州、上海等地。依托农业产业基础，发展休闲观光农业，形成东林特色的农业生态产品价值多元化实现路径。

实施种养循环，提升农业绿色生产能力。 引进水稻工厂化育秧、小麦机械化条播等生产技术，拓展智慧农业技术运用，提升粮食综合生产能力。建立"秸秆饲料化产业研究院"，购置秸秆收储、饲料生产等设备，建成年加工处理秸秆能力6万吨的饲料化利用体系和万头生态湖羊养殖场，实现稻麦"秸秆饲料"全量消纳与利用，扩大农牧循环产业规模和经济效益。建设有机肥厂，通过高温发酵将产生的2 000余吨牛羊粪污变"废"为"肥"。通过有机肥还田、轮作休耕、绿肥种植等技术，年亩施有机肥0.5吨，化肥减量20%以上，农药减量30%以上，土壤有机质含量从1%提升至3%。2023年粮食种植和畜禽养殖等产业收入达2 578.49万元，生态环境得到极大改善。

延长产业链条，彰显产业融合之力。 深化农产品精深加工和品牌营销，建设金仓湖保鲜米加工厂、牛羊肉制品工厂，持续擦亮"牵羊人""东林红牛""金仓湖富硒大米"等特色农产品"金字招牌"，实现农产品多层次、多环节转化增值。积极发展休闲观光农业，实施以水稻产业园为核心区的"味稻公园"、田园新干线等农文旅项目，依托宋云山历史典故打造云山米都，以豆芽产业为基础打造绿色研学萌芽工坊，吸引长三角地区的游客们亲身体验乡野乐趣。2023年农产品加工等产业收入达16 639.6万元，农村旅游等服务业收入达3 602.81万元。

发展成果共享，探索乡村共富之策。 东林村组建成立金仓湖农业科技股份有限公司，不断精细优化内部管理制度，构建实体间的合作机制，健全企业、集体、农民利益联结共享机制，形成的经营性固定资产全部股份量化至全体村民，盈余部分以现金、实物分红的形式返还村民。随着产业不断发展壮大和经营方式革新，村民人均可支配收入由2010年的17 182元增长到2023年的55 000元。

湖北十堰：流域治理产业发展协同推动农业生态产品价值实现

湖北省十堰市郧阳区地处南水北调中线工程核心水源地——丹江口库区，积极开展小流域农业面源污染治理，推广种养循环、绿色防控、农田退水治理、农村生活污水处理等技术，乡村生态环境得到显著改善。调优种植结构，由传统黄姜产业转型为油橄榄产业，组建有机废弃物资源化利用联盟开展有机肥施用服务，耕地土壤有机质显著提升，农业生态系统得到有效修复。延长油橄榄加工产业链条，开发系列油橄榄深加工产品。推出"碳汇贷"金融产品，绿色金融有力助推油橄榄产业持续稳定发展，实现生态保护与农民致富双赢。

绿色发展为先，政策技术共促。郧阳区积极落实流域综合治理的省级战略，陆续出台《环水有机农业示范区建设三年行动计划》等政策文件，落实"政府主导、农民主体、能人带动、市场运作"的工作推进机制，为区域农业发展绿色转型提供强有力的政策保障。与中国农业大学、中国农业科学院等科研院校建立合作关系，成立了专家工作站，凝练适合本地区的小流域农业面源污染治理技术与模式，为水土共治、生态循环农业等项目实施提供技术支撑。

统筹系统治理，区域联动共治。郧阳区紧扣小流域农业面源污染综合治理，推广生态沟渠、种养循环等农业面源污染治理技术，建设标准化设施蔬菜大棚，并配套建设智能化灌溉系统，全面提升农业农村基础设施的水平。突出山区农业特色，调整优化农业品种结构，深化特色产品开发，以油橄榄种植取代原有的黄姜加工产业，全区油橄榄基地面积达10万亩，每户每年增收约3万元。投资建设有机废弃物处理中心3处，依托有机废弃物资源化利用服务联盟，推广有机肥施用11.7万吨。全区土壤耕地改良7万亩，土壤有机质含量提升17%。

建管并举并重，长效发展动力。郧阳区实施生态产品精深加工模式，通过自主研发和校企合作，将油橄榄加工产业链拉长，提供橄榄油、橄榄口服液、橄榄护肤品、橄榄药露等多种深加工产品，打造"生态农业+健康食品+生物科技+农文康旅"油橄榄绿色健康产业链，推动生态产品增值溢价。创新"预期碳汇收益+"担保模式，通过担保模式实现油橄榄种植碳汇价值，助力油橄榄产业发展。

附录一　2024年我国发布的农业生态环境保护主要政策文件

序号	文件名称	文号	印发单位	日期
1	中共中央　国务院关于学习运用"千村示范、万村整治"工程经验有力有效推进乡村全面振兴的意见		国务院	2024年1月1日
2	中共中央　国务院关于加快经济社会发展全面绿色转型的意见		国务院	2024年7月31日
3	中共中央办公厅　国务院办公厅关于加强生态环境分区管控的意见		国务院办公厅	2024年3月6日
4	中共中央办公厅　国务院办公厅关于加强耕地保护提升耕地质量完善占补平衡的意见		国务院办公厅	2024年2月5日
5	国务院办公厅关于加快构建废弃物循环利用体系的意见	国办发〔2024〕7号	国务院办公厅	2024年2月9日
6	生态保护补偿条例	国令第779号	国务院	2024年4月10日
7	国务院关于印发《2024—2025年节能降碳行动方案》的通知	国发〔2024〕12号	国务院	2024年5月29日
8	农业农村部关于落实中共中央　国务院关于学习运用"千村示范、万村整治"工程经验有力有效推进乡村全面振兴工作部署的实施意见	农发〔2024〕1号	农业农村部发展规划司	2024年2月19日
9	农业农村部关于印发"中国渔政亮剑2023"执法典型案例的通知	农渔发〔2024〕9号	农业农村部	2024年3月21日
10	农业农村部　公安部关于开展2024年黄河禁渔期专项执法行动的通知	农渔发〔2024〕8号	农业农村部 公安部	2024年3月22日
11	农业农村部办公厅关于推介发布2024年农业主导品种主推技术的通知	农办科〔2024〕4号	农业农村部办公厅	2024年4月28日
12	农业农村部办公厅关于做好2024年农作物秸秆综合利用工作的通知	农办科〔2024〕7号	农业农村部办公厅	2024年5月24日
13	农业农村部办公厅关于开展学习运用"千万工程"经验典型案例遴选推介工作的通知	农办规〔2024〕22号	农业农村部办公厅	2024年10月28日
14	关于大力实施可再生能源替代行动的指导意见	发改能源〔2024〕1537号	国家发展改革委、工业和信息化部、住房城乡建设部、交通运输部、国家能源局、国家数据局	2024年10月18日
15	关于印发《土壤污染源头防控行动计划》的通知	环土壤〔2024〕80号	生态环境部、国家发展改革委、工业和信息化部、财政部、自然资源部、住房城乡建设部、农业农村部	2024年11月6日
16	农业农村部关于加快农业发展全面绿色转型促进乡村生态振兴的指导意见	农规发〔2024〕27号	农业农村部办公厅	2024年12月27日

附录二　2024年我国发布的农业生态环境保护主要标准规范

序号	标准名称	编号	生效时间	归口单位	起草单位
1	农业灌溉设备 喷头 第3部分：水量分布特性和试验方法	GB/T 27612.3—2023	2024年6月1日	全国农业机械标准化技术委员会	江苏大学流体机械工程技术研究中心、中国农业机械化科学研究院集团有限公司、徐州德龙灌排设备有限公司、台州长虹泵业有限公司、余姚市润绿灌溉设备有限公司、中国农业大学
2	农业灌溉设备 喷头 第4部分：耐久性试验方法	GB/T 27612.4—2023	2024年6月1日	全国农业机械标准化技术委员会	中国农业机械化科学研究院集团有限公司、江苏大学流体机械工程技术研究中心、中国农业大学、台州市东协电机有限公司、江苏大学流体机械温岭研究院、温岭市产品质量检验所
3	塑料 农业和园艺地膜用土壤生物降解材料 生物降解性能、生态毒性和成分控制的要求和试验方法	GB/T 43288—2023	2024年6月1日	全国生物基材料及降解制品标准化技术委员会	北京工商大学、安徽华驰环保科技有限公司、宁波家联科技股份有限公司、重庆市联发塑料科技股份有限公司、扬州惠通科技股份有限公司、彤程化学（中国）有限公司、山西华阳生物降解新材料有限责任公司、合肥恒鑫生活科技股份有限公司、安徽丰原生物技术股份有限公司、广东崇熙环保科技有限公司、清华大学、四川大学、浙江海正生物材料股份有限公司、惠通北工生物科技（北京）有限公司、扬州惠通新材料有限公司、深圳万达杰环保新材料股份有限公司、浙江家乐蜜园艺有限公司、上海弘睿生物科技有限公司、湖北光合生物科技有限公司、兰州鑫银环橡塑制品有限公司、金晖兆隆高新科技股份有限公司、武汉华丽环保产业有限公司、珠海金发生物材料有限公司、深圳市虹彩新材料科技有限公司、轻工业塑料加工应用研究所、河南龙都天仁生物材料有限公司、新疆蓝山屯河科技股份有限公司、巴斯夫（中国）有限公司、秦皇岛龙骏环保实业发展有限公司、中国农业科学院农业环境与可持续发展研究所、全国农业技术推广服务中心、营口正大实业有限公司
4	农业野生植物原生境保护点建设技术规范	NY/T 1668—2023	2024年5月1日	农业农村部农业资源环境标准化技术委员会	中国农业科学院作物科学研究所、湖南省种质资源保护与良种繁育中心、农业农村部农业生态与资源保护总站、湖南省农业农村厅资源保护与利用处
5	农作物生产水足迹评价技术规范	NY/T 4420—2023	2024年5月1日	农业农村部种植业管理司	西北农林科技大学、中国科学院水利部水土保持研究所、国家节水灌溉杨凌工程技术研究中心、河海大学
6	秸秆还田联合整地机 作业质量	NY/T 4421—2023	2024年5月1日	日全国农业机械标准化技术委员会农业机械化分技术委员会	黑龙江八一农垦大学、黑龙江省农业机械试验鉴定站、齐齐哈尔市农业技术推广中心、黑龙江丰沃非凡农业科技发展有限公司、内蒙古农牧业机械工业协会
7	农田土壤中镉的测定 固体进样电热蒸发原子吸收光谱法	NY/T 4433—2023	2024年5月1日	农业农村部农业资源环境标准化技术委员会	农业农村部环境保护科研监测所、中国农业科学院农业质量标准与检测技术研究所、南开大学环境科学与工程学院、湖南省微生物研究所、浙江省生态环境监测中心

（续）

序号	标准名称	编号	生效时间	归口单位	起草单位
8	土壤调理剂中汞的测定 催化热解－金汞齐富集原子吸收光谱法	NY/T 4434—2023	2024年5月1日	农业农村部农业资源环境标准化技术委员会	中国农业科学院农业质量标准与检测技术研究所、广东省农业科学院农业质量标准与监测技术研究所、长沙开元弘盛科技有限公司、江苏华测品标检测认证技术有限公司、云南省农业科学院质量标准与检测技术研究所、农业农村部环境保护科研监测所、华中师范大学、广东省科学院测试分析研究所（中国广州分析测试中心）、农业农村部农产品质量安全监督检验测试中心
9	土壤中铜、锌、铅、铬和砷含量的测定 能量色散X射线荧光光谱法	NY/T 4435—2023	2024年5月1日	农业农村部科技教育司	北京市农林科学院、农业农村部环境保护科研监测所、农业农村部农业生态与资源保护总站、三峡大学、江苏天瑞仪器股份有限公司、中国农业科学院农业质量标准与检测技术研究所
10	太阳能和生物质能互补户用供暖系统技术规范	NB/T 11500—2024	2024年11月24日	能源行业农村能源标准化技术委员会	河北道荣新能源科技有限公司、安徽春升新能源科技有限公司、山东龙光天旭太阳能有限公司、铜陵市清华宝能源设备有限责任公司、浙江远能新能源有限公司、浙江格莱智控电子有限公司、山东阳光博士太阳能工程有限公司、江苏贝德莱特太阳能科技有限公司、兰州华能生态能源科技股份有限公司、山东多乐新能源科技有限责任公司、北京索乐阳光能源科技有限公司
11	民用清洁采暖装置控制器技术规范	NB/T 11501—2024	2024年11月24日	能源行业农村能源标准化技术委员会	佛山市汇生采电子有限公司、安徽春升新能源科技有限公司、内蒙古蓝色火宴科技环保股份公司、山东超万采暖设备有限公司、山东多乐新能源科技有限责任公司、山东昊鑫太阳能科技有限公司、北京化工大学、北京中研能环保技术检测中心、北京青合力能源环保科技有限公司
12	光伏光热一体组件和空气源热泵联合热水系统通用技术条件	NB/T 11502—2024	2024年11月24日	能源行业农村能源标准化技术委员会	浙江省太阳能产品质量检验中心、广东芬尼克兹节能设备有限公司、马鞍山伾诺科技有限公司、正泰新能科技股份有限公司、浙江中广电器集团股份有限公司、芜湖贝斯特新能源开发有限公司、浙江阳帆节能开发有限公司、浙江豪瓦特节能科技有限公司、联纵检测认证有限公司、浙江东信机械有限公司、合肥荣事达太阳能有限公司、浙江大学嘉兴研究院、山东力诺瑞特新能源有限公司、青岛海信日立空调系统有限公司、山东诺瑞特智能科技有限公司、合肥新沪屏蔽泵有限公司、佛山聚阳新能源有限公司、广东聚腾环保设备有限公司、上海荣克能源科技有限公司、佛山欧思丹热能科技有限公司、广州粤宇新能源科技股份有限公司、浙江智恩电子科技有限公司、南京顶热太阳能设备有限公司、中国十七冶集团有限公司、云南火鹰太阳能热水器有限公司、浙江创能新能源股份有限公司、上海中如智慧能源集团有限公司
13	壁挂式太阳能热水系统设计、安装及验收规范	NB/T 32022—2024	2024年11月24日	能源行业农村能源标准化技术委员会	江苏光芒新能源股份有限公司、安徽春升新能源科技有限公司、山东沐阳新能源有限公司、桑夏太阳能股份有限公司、山东桑乐集团有限公司、天普新能源科技有限公司、山东中科蓝天科技有限公司、山东阳光博士太阳能工程有限公司、德州科辉太阳能有限公司、山东晖盛皇明新能源科技有限公司、江苏贝德莱特太阳能科技有限公司

（续）

序号	标准名称	编号	生效时间	归口单位	起草单位
14	太阳能干燥系统技术规范	NB/T 34022—2024	2024年11月24日	能源行业农村能源标准化技术委员会	云南师范大学、江苏贝德莱特太阳能科技有限公司、安徽春升新能源科技有限公司、山东沐阳新能源有限公司、山东桑乐集团有限公司、云南省玉溪市太标太阳能设备有限公司、山东阳光博士太阳能工程有限公司、深圳精渔科技有限公司
15	低碳多能源搪瓷储热水箱	NB/T 34023—2024	2024年11月24日	能源行业农村能源标准化技术委员会	江苏迈能高科技有限公司、广东芬尼电器技术有限公司、安徽春升新能源科技有限公司、桑夏太阳能股份有限公司、山东沐阳新能源有限公司、山东中科蓝天科技有限公司、山东阳光博士太阳能工程有限公司、江苏贝德莱特太阳能科技有限公司
16	耕地土壤污染状况调查技术规范	DB11/T 2261—2024	2024年10月1日	北京市农业农村局	北京市耕地建设保护中心、中国农业大学、中国矿业大学（北京）
17	拟新增耕地土壤环境质量调查技术规范	DB11/T 2263—2024	2024年10月1日	北京市农业农村局	北京市耕地建设保护中心、中国农业科学院农业资源与农业区划研究所、中国农业大学、北京昊颖环境科技发展中心
18	黑土区耕地健康评价规范	DB15/T 361—2024	2024年8月22日	内蒙古自治区农业标准化技术委员会	内蒙古自治区农牧业科学院、北京市农林科学院信息技术研究中心、内蒙古自治区农牧业生态与资源保护中心、内蒙古大学、通辽市农牧业发展中心、呼伦贝尔市农业技术推广中心、科尔沁左翼中旗农业技术推广中心、呼伦贝尔市农牧业综合执法支队
19	耕地土壤重金属污染治理修复效果评价技术规范	DB54/T 0369—2024	2024年5月21日	西藏自治区农业农村标准化技术委员会	农业农村部环境保护科研监测所、西藏自治区农牧科学院农业质量标准与检测研究所、西藏自治区农牧科学院农业资源与环境研究所、中国科学院地理科学与资源研究所
20	基于项目的温室气体减排量评估技术规范 生物天然气工程	T/CARE I 012—2024	2024年8月16日	全国沼气标准化技术委员会	农业农村部农业生态与资源保护总站、中国农业大学、中国石油天然气股份有限公司油气和新能源分公司、大庆油田设计院有限公司、中国华电科工集团有限公司、中国石油天然气股份有限公司西南油气田分公司、上海申汲环境科技有限公司、环保桥（上海）环境技术有限公司、广州汇迪新能源科技有限公司、中国农业科学院农业环境与可持续发展研究所、农业农村部成都沼气科学研究所、中石化新星（北京）新能源开发有限公司、北京联合优发能源技术有限公司、港华投资有限公司、碳赟科技（北京）有限公司、京安生态科技集团股份有限公司、北京万木生态环保发展有限公司、合肥万豪能源设备有限责任公司

附录三 2024年农业农村部发布的主推技术、重大引领性技术

2024年4月，农业农村部办公厅发布《关于推介发布2024年农业主导品种主推技术的通知》，推介发布2024年农业重大引领性技术10项、主导品种150个、主推技术150项（其中，资源环境类15项）。

2024年农业重大引领性技术

序号	技术名称
1	大豆苗期病虫害种衣剂拌种防控技术
2	玉米（大豆）电驱智能高速精量播种技术
3	小麦条锈病分区域综合防治技术
4	ARC功能微生物菌剂诱导花生高效结瘤固氮提质增产一体化技术
5	染色体片段缺失型镉低积累水稻智能设计育种技术
6	"土壤—作物系统综合管理"绿色增产增效技术
7	旱地绿色智慧集雨补灌技术
8	秸秆"破壁—菌酶"联合处理饲料化利用技术
9	功能性氨基酸提高猪饲料蛋白质利用关键技术
10	深远海重力式+桁架式网箱接力养殖技术

2024年主推技术（资源环境类）

序号	技术名称
1	东北黑土区耕地增碳培肥技术
2	瘠薄黑土地心土改良培肥地力提升技术
3	东北黑土区有机物料深混还田构建肥沃耕层技术
4	红壤旱地耕层"增厚增肥+控蚀控酸"合理构建技术
5	华南三熟区酸化耕地土壤改良与培肥技术
6	东北半干旱风沙区生物耕作防蚀增碳培肥技术
7	木霉菌联合秸秆还田土壤高效培肥技术
8	农业有机固废酶解高效腐熟关键技术
9	盐碱地水田"三良一体化"丰产改良技术
10	碱耕地耕层控水培肥适种综合治理技术
11	旱作农田拦提蓄补"四位一体"集雨补灌技术
12	设施蔬菜残体原位还田+高温闷棚土壤处理技术
13	"控—减—用"设施菜地面源污染防控技术
14	南方镉铅污染农田生物炭基改良技术
15	寒旱区农村改厕及粪污资源化利用技术

图书在版编目（CIP）数据

2025农业资源环境保护与农村能源发展报告 / 农业
农村部农业生态与资源保护总站编. -- 北京 : 中国农业
出版社，2025.4. -- ISBN 978-7-109-33198-3

Ⅰ. X322.2；F323.214

中国国家版本馆CIP数据核字第2025YK6711号

2025农业资源环境保护与农村能源发展报告

2025 NONGYE ZIYUAN HUANJING BAOHU YU NONGCUN NENGYUAN FAZHAN BAOGAO

中国农业出版社出版

地址：北京市朝阳区麦子店街18号楼

邮编：100125

责任编辑：冯英华　刘　伟

版式设计：王　晨　　责任校对：吴丽婷

印刷：中农印务有限公司

版次：2025年4月第1版

印次：2025年4月北京第1次印刷

发行：新华书店北京发行所

开本：889mm×1194mm　1/16

印张：6.25

字数：150千字

定价：118.00元